21世纪高职高专规划教材·通识课系列

职业素养实践教育

（1）

主编　张云霞

中国人民大学出版社
·北京·

图书在版编目（CIP）数据

职业素养实践教育/张云霞主编. —北京：中国人民大学出版社，2018.8
21世纪高职高专规划教材. 通识课系列
ISBN 978-7-300-26040-2

Ⅰ.①职… Ⅱ.①张… Ⅲ.①职业道德-高等职业教育-教材 Ⅳ.①B822.9

中国版本图书馆CIP数据核字（2018）第169825号

21世纪高职高专规划教材·通识课系列
职业素养实践教育
主编 张云霞
Zhiye Suyang Shijian Jiaoyu

出版发行	中国人民大学出版社		
社　　址	北京中关村大街31号	**邮政编码**	100080
电　　话	010－62511242（总编室）		010－62511770（质管部）
	010－82501766（邮购部）		010－62514148（门市部）
	010－62515195（发行公司）		010－62515275（盗版举报）
网　　址	http://www.crup.com.cn		
经　　销	新华书店		
印　　刷	运河(唐山)印务有限公司		
开　　本	787 mm×1092 mm 1/16	**版　　次**	2018年8月第1版
印　　张	10.5	**印　　次**	2023年8月第11次印刷
字　　数	210 000	**定　　价**	32.00元(1、2)

《职业素养实践教育》指导委员会

主　任：牛定柱

副主任：张少兰　刘永宽　姚廷超　徐燕飞

成　员：张云霞　凌万刚　那永生　张　化　林向群　邬　琰　黄荣文
张雪梅　王　琳　刘丽芳　杨丽芳　徐　斌　孙丽娟　王　念
保关丽　张朴仙　贾雪峰　刘　涛

本册编写组

主　审：牛定柱　刘永宽

主　编：张云霞　姚廷超

副主编：（排名不分先后）

张雪梅　李琼霞　周　静　单庆益　张朴仙　那凤莲

陈明星　寸　隽

行为养成习惯

习惯造就性格

性格决定命运

前 言

随着社会经济的不断发展，社会和企事业单位对用人要求也日益提高，而且对人才素质的关注度来说，更看重的是人的品质与素养。因此，德育工作和育人目标也必须与社会需求相适应，传统的德育教育应作出相应的调整和转变。

近年来，我们通过走访、问卷、校企恳谈会等形式调研了多家企业，发现现代社会和企业对用人的标准提出新的要求，除了专业能力以外更提出了——情感、态度和价值观的要求，如责任心、守时负责、诚实正直、能够适应变化、自我学习和自我发展的能力、与人交流和与人合作的精神、良好的职业道德与创新能力等，这表明现代企业更关注学生的职业素养。

针对调研的结果，我们对企业看重的职业素养进行归类，把《三生教育》《职业生涯规划》《职业核心能力》《就业指导》等课程进行整合，同时以党的二十大精神为引领，全面贯彻党的教育方针，落实立德树人根本任务，充分融进社会主义核心价值观的元素，提出培养职业素养解决的思路、达到的目标以及实现目标的路径，具体如下表所示。

职业素养归类及培养目标与思路

职业素养构成	企业关注的职业素养	学校培养学生职业素养的目标与思路		
		认知	训练	强化
职业道德	敬业、诚信	根据企业用人标准，对学生进行职业素养的认知教育，让学生明白自己应该具备的职业素养，使学生成为“职校人”。	根据企业用人标准有针对性地对学生的职业素养进行养成训练，使学生成为“准职业人”。	在学生实习阶段，强化职业素养的培养，让学生提前成为“职业人”。
职业意识	职业态度、职业心理、角色认知			
职业行为	守时遵规			
职业核心能力	与人交流、与人合作、解决问题、自我学习、自我发展			

有了这样的思路和目标，我们编写了职业素养系列丛书《职业素养养成教育》

（1、2册）和《职业素养实践教育》（1、2册），希望学生通过活动练习，内化为良好的职业素养，成就自己的事业。

本书由牛定柱、刘永宽主审，张云霞、姚廷超策划、统筹。本书第1分册中，张云霞、单庆益负责编写活动一，那凤莲负责编写活动二，周静、李琼霞负责编写活动三，张朴仙、单庆益负责编写活动四，陈明星、寸隽负责编写活动五和活动六，张云霞负责编写活动七，张雪梅负责编写活动八，由张雪梅校稿。

在编写过程中，我们参阅了大量的资料文献、走访了许多企业，吸收了近年来职业素养方面的最新研究成果，在此恕不一一列举，谨表示衷心的谢意！

本书的编写采用了全新的思路，没有可供借鉴的框架和模式，加之编写组成员的学术水平有限，所编写的内容难免有不足之处，恳请各位专家批评指正！

目　　录

主题活动一　修订我的学业计划

再遇未来的我

有人说，一个人就是他想着要做的那种人。那我们想做什么样的人呢？我不止一次遥想过未来的我的样子，今天我们再次去相遇未来的我们。通过下面的练习能对自己想成为什么样的人有一个全面了解。

练习一：自制名片

试想一下毕业 5 年后的一次同学聚会，大家交换着自己的名片，你希望自己的名片上写着你从事着怎样的工作：____

____

____；

有着怎样的头衔？____

____。

练习二：生涯幻游

想象现在是五年后的某一天，一个平常的工作日。早晨，你从一夜的安睡中醒来，想到即将开始的一天，心中充满了兴奋和期待。你起身，从衣橱中挑出你今天上班要穿的衣服。现在你正站在镜子前装扮自己，你穿着什么样的衣服呢？（停顿）现在你开始吃早饭。有人跟你一起吃早饭吗？还是你一个人吃？（停顿）接下来，你准备去上班。你是在家里办公吗？如果不是，你工作的地方在哪里？离你家有多远？你乘什么样的交通工具去那里？（停顿）

现在你正走向工作的地方。它位于什么地方？看起来怎么样？（停顿）你做些什么工作？你主要是操作器械、工具，还是跟人打交道？你的办公场所是什么样的？是在室内还是在室外?(停顿) 你跟别人一起工作吗? 你跟他们会有一些什么样的交往?

到吃饭的时候了，你准备到哪儿去吃饭? 跟谁一起去? 你们会谈论些什么问题?(停顿) 现在回到工作中来，完成这一天的任务。下午的工作与上午的工作有什么不同吗?(停顿) 你什么时候结束工作? 离开前完成的最后一项任务是什么?(停顿) 一天的工作结束了，你会怎样度过夜晚的时间?(停顿) 夜里，当你躺在床上回想这一天，有哪些事情让你感到愉快和满足? 为什么?(停顿)

当你准备好时，请睁开你的眼睛，并静静地坐一会儿。

结束之后，看看“我”的生涯幻游经验:

★我穿的衣服样式是＿＿＿＿＿＿＿＿＿＿＿＿＿＿＿＿

★和我一起吃早餐的人是＿＿＿＿＿＿＿＿＿＿＿＿＿＿＿＿

★我住的房子是＿＿＿＿＿＿＿＿＿＿＿＿＿＿＿＿

★我乘坐的交通工具是＿＿＿＿＿＿＿＿＿＿＿＿＿＿＿＿

★我的工作环境是＿＿＿＿＿＿＿＿＿＿＿＿＿＿＿＿

★同事们称呼我是＿＿＿＿＿＿＿＿＿＿＿＿＿＿＿＿

★我上午的工作内容是＿＿＿＿＿＿＿＿＿＿＿＿＿＿＿＿

★和我一起吃中餐的人是＿＿＿＿＿＿＿＿＿＿＿＿＿＿＿＿

★我下午的工作内容是＿＿＿＿＿＿＿＿＿＿＿＿＿＿＿＿

★我下班后的活动是＿＿＿＿＿＿＿＿＿＿＿＿＿＿＿＿

★和我一起吃晚餐的人是＿＿＿＿＿＿＿＿＿＿＿＿＿＿＿＿

★我晚餐后的活动是＿＿＿＿＿＿＿＿＿＿＿＿＿＿＿＿

★对于一天的工作和生活，我的感觉是＿＿＿＿＿＿＿＿＿＿＿＿＿＿＿＿

★临睡前，我许的愿望是＿＿＿＿＿＿＿＿＿＿＿＿＿＿＿＿

★对于这一次的生涯幻游，我的心得是＿＿＿＿＿＿＿＿＿＿＿＿＿＿＿＿

我可以尝试着根据生涯幻游中想象的情景，制订我在职业生涯发展上的五年目标吗?

我的五年目标:＿＿＿＿＿＿＿＿＿＿＿＿＿＿＿＿

____；

____

要达到这一目标，我需要经过下图所示的步骤：

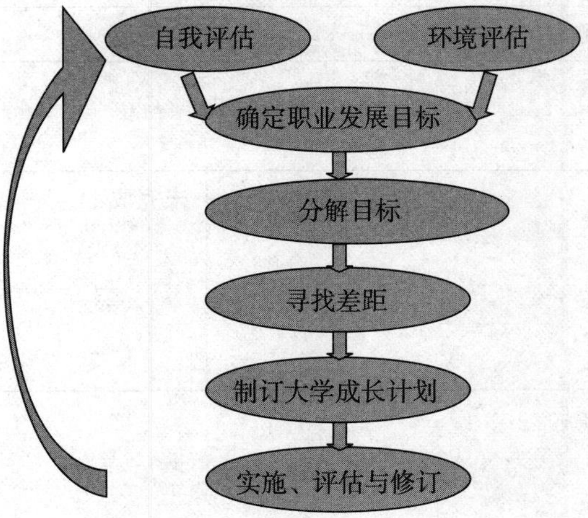

其中，我制订的大学成长计划是：

时间跨度	基本任务	总目标	分目标	策略和实施
大一				
大二				
大三				

目标实施评价阶段性校核和评价

下图可供“我”进行自我评估：

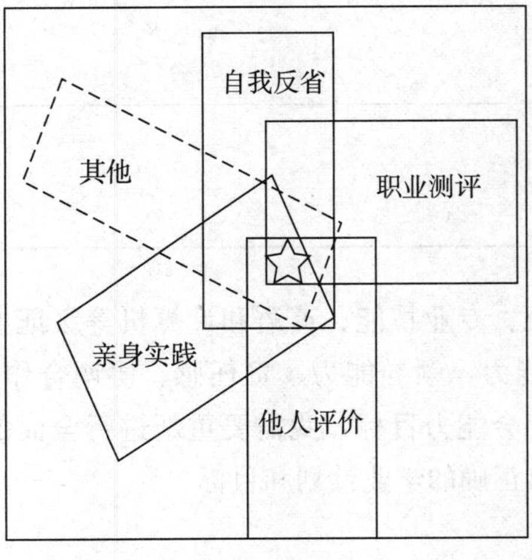

自我的大学成长计划从制订到实施已历时一年，接下来是对计划书的实施情况进行评估和总结。

大一阶段计划实施情况校核和评价

<table>
<tr><td rowspan="6">自我评估</td><td rowspan="2">测评</td><td>学习成绩排名</td><td></td><td>素质拓展总分</td><td></td><td>身体素质状况</td><td></td></tr>
<tr><td>发展性素质测评</td><td colspan="5"></td></tr>
<tr><td>获奖</td><td colspan="6"></td></tr>
<tr><td>大一目标落实情况</td><td colspan="3">已完成：</td><td colspan="3">未完成：</td></tr>
<tr><td rowspan="2">经验与教训</td><td colspan="6">基本任务差距：

超标准完成目标的经验：

造成目标差距的原因和教训：</td></tr>
<tr><td colspan="6"></td></tr>
<tr><td colspan="2">父母评价与建议</td><td colspan="6"></td></tr>
<tr><td colspan="2">同学、朋友评价与建议</td><td colspan="6"></td></tr>
<tr><td colspan="2">教师评价与建议</td><td colspan="6"></td></tr>
<tr><td colspan="2">成长外因评估</td><td colspan="6"></td></tr>
</table>

由此，结合学业学分、专业技能、英语和计算机等级证书等基本学业任务，以及获奖、工作能力、学习能力、领导能力、责任感、协调合作、诚实正直、职业道德、分析问题和解决问题等社会能力目标，我需要重新进行全面的自我认识和评价，重新评估外在环境，从而作出正确的学业计划和目标。

修订我的学业计划

- ☐ 专业理论学习
- ☐ 专业技能培养
- ☐ 校园活动
- ☐ 社会实践
- ☐ 外语、计算机

修订的目的：

★清楚自己的优势是什么，对自己的优势充满信心；

★对自己的发展机会有一个清楚的了解，知道自己什么地方还有待改进；

★找出有待改进的关键所在；

★为你的有待改进之处制订详细的计划；

★实施你的行动计划，确保你能取得显著的进步。

制定具体措施

在分析了自身实际和目标之间的差距后，需要制定一些措施，比如分析学分结构中专业学分、专业选修学分、素质拓展学分、实习和论文等学分的获取，参加团学活动、社团活动、社会实践活动，担任团学干部，参加技能比赛、综合能力类比赛等。这些措施还可以进一步细化，细化的措施都会影响到计划和目标的实现，都是应该注意的。

保持最佳心理状态

自信，要相信自己的判断和选择，切忌自我怀疑和犹豫不决。

坚持，要持之以恒，不要被外界干扰所左右，更不要因此而放弃自己的计划。

乐观，要保持积极乐观的情绪。懂得快乐学习、快乐工作的人，才是懂得生活的人，这样的人最有可能获得计划实施的成功。

修订我的学业计划（目标）

修订前	修订后

我的行动计划

心动不如行动！在确定了阶段目标后，在接下来的大学生活与学习中该如何努力发展呢？认真思考和分析后，快快行动制订自己的行动计划！

大学一年级（适应期）

尽快了解本专业，特别是自己未来想从事或自己所学专业对口的职业，提高人际沟通能力。

大学二年级（确定期）

对大学生活已有初步了解，清楚自己的想法，应以提高自身的综合素质为主。

大学三年级（冲刺期）

临近毕业，进一步明确选择，升学深造或者就业，为明确的目标进一步做好充分准备，如为继续深造选择学校，或者为就业提高求职技能、搜索公司信息等。

我的行动计划

<table>
<tr><td colspan="2">总目标</td><td colspan="4"></td></tr>
<tr><td colspan="2">任务
时间</td><td>基本任务</td><td>学期目标</td><td>策略和实施</td><td>检查反思</td></tr>
<tr><td rowspan="2">大学二年级
（确定期）</td><td>第一学期</td><td></td><td></td><td></td><td></td></tr>
<tr><td>第二学期</td><td></td><td></td><td></td><td></td></tr>
<tr><td rowspan="2">大学三年级
（冲刺期）</td><td>第一学期</td><td></td><td></td><td></td><td></td></tr>
<tr><td>第二学期</td><td></td><td></td><td></td><td></td></tr>
</table>

自我评估

为了更好地实现我的目标，现将我的第一学期每天的时间安排如下：

时间段	活动内容概要	成果评估

职业指导教师评价

评定成绩了!		
成绩评定	评定标准	备注
优秀（　　）	1. 按照活动的要求，参加并完成了所有项目； 2. 是小组活动之星； 3. 是班级活动之星； 4. 按照辅导员的要求完成了日常行为规范。	第二和第三之中有其一
良好（　　）	1. 按照活动的要求，参加并完成了所有的项目； 2. 按照辅导员的要求完成了日常行为规范。	
中等（　　）	1. 按照活动的要求，参加并完成了95%的项目； 2. 按照辅导员的要求完成了日常行为规范。	
及格（　　）	1. 按照活动的要求，参加并完成了90%的项目； 2. 按照辅导员的要求完成了日常行为规范。	
不及格（　　）	1. 按照活动的要求，参加并完成了90%以下的项目； 2. 按照辅导员的要求完成了日常行为规范。	
职业指导教师评语		
职业指导教师签名：		

老师寄语

1. 求之以鱼，一饭之需；求之以渔，享用终身。

2. 力量有三种表现形式，即暴力、财富和知识。暴力有限，财富有价，而知识无限又无价。

主题活动二　常说谢谢

活动目标

当别人为你做了某些事情后，你应该表示感谢；当别人给予你关心、安慰、祝贺、指导以及馈赠时，你应该表示感谢。别人为你做事而未成功，但那份情意也值得你感谢。经常说“谢谢”，久而久之，就会养成一种尊重他人的劳动和帮助的心态，内心因此会充满感激，别人也会更乐意与你共事，帮助你。

通过训练我们要达到以下目标：

◆ 认知目标：使学生通过回忆、生活中的情景等，感悟什么时候要说“谢谢”、为什么要说“谢谢”以及表达谢意的不同形式。

◆ 行为目标：使学生通过活动和体验，知道当接受了别人为自己提供的服务或帮助后，要表示感谢。

◆ 情感目标：理解和尊重别人的劳动成果，对学生进行爱和美的教育，让学生学会感谢、学会做人。

行动

NO. 1　罗列出谢谢的近义词和应答谢谢的礼貌用语

同学们自己课下完成。

NO. 2　加字游戏

在“谢谢”后面加字。规则如下：

1. 将团队分成 3 个小组，由抽签决定在“谢谢”后面加两个字、三个字或四个字。

2. 由每个小组的第一名成员开始说，后面同学依次接上，前面同学说过的不得重复。比如：加两个字——谢谢老师；加三个字——谢谢老同学；加四个字——谢谢爸爸妈妈。

3. 可继续增加字数量和难度。

NO. 3　心有灵犀一点通游戏

准备：

若干张 A4 纸片，把表达谢意的肢体语言词汇如：鞠躬、微笑、握手等写在 A4 纸上并放在纸箱中。

规则：

两人为一组。一人从纸箱中抽取题目并用肢体动作（不能通过任何语言）向同伴提示抽取纸条上的内容，同伴根据提示猜出纸条上的内容。限时一分钟，规定时间内，猜中数目多者获胜（过难题目或实在无法猜出可以跳过此题目，继续抽取下个题目）。

NO. 4　击鼓传花游戏

规则：

1. 数人或几十人围成圆圈坐下，其中一人拿花（或一小物件）；另有一人背着大家或蒙眼击鼓（桌子、黑板或其他能发出声音的物体），鼓响时众人开始依次传花，至鼓停止为止。此时花在谁手中（或其座位前），谁就出列表演节目。

2. 表演节目要求：出列的同学任意选择一个同学作为感谢的对象，用语言或肢体动作表达你的谢意后，再陈述你感谢对方的理由（可以通过回忆、生活中的情景，把对方假想成你需要感谢但一直未曾感谢的人）。

3. 如果花在两人手中，可以通过猜拳或其他方式决定表演节目者。

自我评估

通过活动实践，我做到了以下几项（在以下评估等级中打上“√”）

序号	自我评估标准	自我评估等级				
		优秀	良好	中等	较差	很差
1	我在活动前积极做了准备					
2	主动参与，争取表达和表演的机会					
3	和他人的配合默契，取长补短共同完成任务					
4	熟悉谢谢礼貌用语的各种表达方式					
5	养成常说谢谢的行为习惯					
6	知道对他人表达谢意的重要意义					

收获感言：

职业指导教师评价

评选活动之星了！	
是否为小组活动之星 是（　　）　否（　　）	理由： 职业指导教师签名
是否为班级活动之星 是（　　）　否（　　）	理由： 职业指导教师签名

评定成绩了！

成绩评定	评定标准	备注
优秀（　　）	1. 按照活动的要求，参加并完成了所有项目； 2. 是小组活动之星； 3. 是班级活动之星； 4. 按照辅导员的要求完成了日常行为规范。	
良好（　　）	1. 按照活动的要求，参加并完成了所有的项目； 2. 按照辅导员的要求完成了日常行为规范。	
中等（　　）	1. 按照活动的要求，参加并完成了 95%的项目； 2. 按照辅导员的要求完成了日常行为规范。	
及格（　　）	1. 按照活动的要求，参加并完成了 90%的项目； 2. 按照辅导员的要求完成了日常行为规范。	
不及格（　　）	1. 按照活动的要求，参加并完成了 90%以下的项目； 2. 按照辅导员的要求完成了日常行为规范。	

职业指导教师评语

职业指导教师签名：

老师寄语

1. 说谢谢是一种礼仪。
2. 说谢谢是一种习惯。
3. 说谢谢是一种心态。
4. 说谢谢是一种感恩。

主题活动三　感恩的心

活动目标

“羊有跪乳之恩，鸦有反哺之恩。”“感恩的心”的活动实质上是借助自己的手，用真挚的语言表达自己对父母的养育之恩，进而感谢那些曾经帮助过自己的人。活动本质可以用八个字概括——“心怀感恩，和谐关系”。

通过该活动，可以实现以下目标：

◆ 感恩父母养育之恩，建立子女与父母和谐关系

◆ 树立孝敬父母，尊敬长辈的心态

◆ 提升对自己家庭负责感的心态

◆ 建立自己与师长、朋友及他人的良好相处氛围

◆ 促进个人成长（自信心、进取心、责任感、使命感、积极的人生态度）

◆ 对他人的热诚和关爱，良好的环境意识和社会责任感

人生在世，不可能一帆风顺，种种失败、无奈都需要我们勇敢地面对，豁达地处理。如果只是一味地埋怨生活，就会变得消沉、萎靡不振，只有勇敢面对，跌倒了再爬起来，才能享受生活给予我们真正的乐趣。英国作家萨克雷说：“生活就是一面镜子，你笑，它也笑；你哭，它也哭。”而学会感恩，不仅能让失败者得到慰藉，更能让生命获得大智慧。感恩，是一种唱着欢快的歌去生活的方式，它来自对生活的爱与希望。

一个人要学会感恩，学会对生命怀有一颗感恩的心，这样的心才能真正快乐。

懂得感恩是人类的天性，我们偶然来到这个世界上，应该怀有一颗感恩的心。我

们的生活中有太多应该感恩的事与人，所以我们更要懂得感恩，懂得以平等的眼光看待每一个生命，看待我们身边的每一个人，懂得尊重每一份平凡普通的劳动，懂得要怀有一种宽宏的心态积极勇敢地面对人生。

“羊有跪乳之恩，鸦有反哺之恩”；

“赠人玫瑰，手有余香”；

“执子之手，与子偕老”；

这些都因怀有一颗感恩的心，才芬芳馥郁，香泽万里。

就让我们从现在开始感恩，从身边的人开始，从自己的父母开始。

有一段名为《打包》的公益广告被网络广泛转载，十几分钟的剧情让许多观众忍不住流下眼泪：“拿什么回报您，我那日渐老去的父亲母亲！”

故事讲述了身患老年痴呆症的年迈父亲，记忆力日渐衰退……

父亲什么都不记得了。有时候他会自己坐在藤木缠络成的摇椅上，看着窗外的落日，摇椅摆动发出吱吱呀呀的声音，甚至一坐就是几个小时，他的背影在昏黄的背景下显得有些暗淡。

一天中午和同事吃饭，我本不想带父亲去的，左右一想，父亲在家无人照料，还是在身边安全。饭桌上，一盘盘冒着热气的饺子模糊了父亲的老花镜，腾起一层的水雾，他不动筷子，只是呆呆地看着盘子里的饺子被一个个夹走，眼神里带有一些急切。临走的时候，盘里还剩几个饺子，服务生正准备收盘时，父亲竟然伸出手，颤颤巍巍地去抓盘里剩余的饺子，随后急忙放入深褐色的毛线外套里。全桌一片哑然，我略显尴尬地转过头去：“爸，您这是干什么？”父亲呆滞的眼神和我对视，他有些吞吞吐吐地说道：“我，我拿给我儿子的，他最喜欢吃了。”全桌依旧是一片寂静。父亲什么都不记得了，但他没有忘记爱他的儿子。

苏联著名教育家苏霍姆林斯基曾经说过：“只有爱妈妈，才能爱祖国。”世界上有两个人最值得尊重和感恩，她们便是我们敬爱的父母。

除了感恩父母，还应该感恩师长。

小故事

李政道获得诺贝尔奖之后，给他的老师写了一封信：

大猷师尊鉴：

科技界通知，杨振宁和我合得 1957 年物理学诺贝尔奖奖金。至今以后的感觉很多，一方面当然觉得是一种光荣，可另一方面深深感觉自己的常识有限，希望在将来继续努力。

现在的成就大部分是源于在昆明时您的教导，假如在 46 年前您没有给我这个机会，那就根本不可能有我今天的光荣。

…………

李政道作为全球知名的科学家，是一个道德非常高尚、饮水思源的人。他用实际行动告诉我们，做人一定要饮水思源。

学会感恩——感恩我的父母，因为他们给了我宝贵的生命；

学会感恩——感恩我的老师，因为他们给了我无穷的知识；

学会感恩——感恩我的朋友，因为他们给了我克服困难的力量；

学会感恩——感恩我周围的一切，因为他们给了我和谐健康的成长空间。

坐在窗前，我在试问自己：你有多久没有好好看看这蓝蓝的天，闻一闻这芬芳的花香，听一听那鸟儿的鸣唱？有多久没有回家看看，听听家人的倾诉？有多久没和他们一起吃饭了，听听那年老的欢笑？有多久没与他们谈心，听听他们的烦恼、他们的心声呢？是不是因为一路风风雨雨，而忘了天边的彩虹？是不是因为行色匆匆的脚步，而忽视了沿路的风景？除了一颗疲惫的心，麻木的心，你还有一颗感恩的心吗？不要因为生命过于沉重，而忽略了感恩的心！

也许坎坷，让我看到互相搀扶的身影；

也许失败，我才体会到一句鼓励的真诚；

也许不幸，我才更懂得珍惜幸福。

生活给予我挫折的同时，也赐予了我坚强，我也就有了另一种阅历。对于热爱生活的人，它从来不吝啬。要看你有没有一颗包容的心，来接纳生活的恩赐。酸甜苦辣不是生活的追求，但一定是生活的全部。试着用一颗感恩的心来体会，你会发现不一样的人生。不要因为冬天的寒冷而失去对春天的希望。我们感谢上苍，是因为有了四季的轮回。有了一颗感恩的心，你就没有了埋怨，没有了嫉妒，没有了愤愤不平，你也就有了一颗从容淡然的心！

清晨，当欢快的小鸟把我从睡中唤醒，我推开窗户，放眼蓝蓝的天，绿绿的草，晶莹的露珠，清清爽爽的早晨，我感恩上天又给予我一个美好的一天。

夜晚，天幕中繁星点点，我打开日记，用笨拙的笔描画着一天的生活感受，月光展露着温柔的笑容，四周笼罩着夜的温馨，我充满了感恩，感谢大地赋予的安宁。

朋友相聚，酒甜歌美，情浓意深，我感恩上苍，给了我这么多的好朋友，我享受着朋友的温暖，生活的香醇，如歌的友情。

走出家门，我走向自然。放眼花红草绿，我感恩大自然的无尽美好，感恩上天的无私给予，感恩大地的宽容浩博。生活的每一天，我都充满着感恩情怀，我学会了宽容，学会了承接，学会了付出，学会了感动，懂得了回报。用微笑去对待每一天，用微笑去对待世界，对待人生，对待朋友，对待困难。所以，每天，我都有一个好心情。

我感恩，感恩生活，感恩朋友，感恩大自然，每天，我都以一颗感动的心去承接生活中的一切。

落叶在空中盘旋，谱写着一曲感恩的乐章，那是大树对滋养它大地的感恩；白云在蔚蓝的天空中飘荡，绘画着那一幅幅感人的画面，那是白云对哺育它的蓝天的感恩。我们沐浴着爱的阳光长大，我们滋润着人间的真情成长，父母对我们有养育之恩，老师对我们有教育之恩，同学对我们有协助之恩，社会对我们有关爱之恩，军队对我们有保卫之恩，祖国对我们有呵护之恩……有人说，善良的本质就是有一颗感恩的心；有人说，一个人如果有了一颗感恩的心，他就是一个幸福的人。

拥有一颗感恩的心，我们才懂得去关心、帮助他人；拥有一颗感恩的心，我们就会勤奋学习、珍爱自己；拥有一颗感恩的心，我们就能学会包容，赢得真爱，赢得友谊；拥有一颗感恩的心，我们就会拥有快乐，拥有幸福，就能够拥有一个美好的未来。

行动

了解最爱你的人

最爱你的人就是你的父母，他们对你的一切了如指掌，可是你了解他们吗？作为子女，你能回答下面的问题吗？

1. 母亲节是几月几日：________________________

2. 父亲节是几月几日：______

3. 妈妈的生日是：______

4. 爸爸的生日是：______

5. 爸爸妈妈最喜欢吃的是：______

6. 爸爸妈妈最想去的地方是：______

7. 你最想对他们说的一句话是：______

《感恩的心》手语班级练习

组织班级开展《感恩的心》手语学习，采用“视频学习”和“少数教多数”相结合的方式进行。

1. 时间：______

2. 地点：______

3. 自己希望获得的收获：______

______

______

______

______

______

4. 练习前准备：

（1）讲述手语练习的内容及意义，以及良好的心理素质和积极进取的人生态度对个人成长的重要作用，同时激发同学们的参与热情，形成欢快热烈的良好氛围。

（2）指定 2 到 3 名同学进行自主学习简单的手语和《感恩的心》手语操。

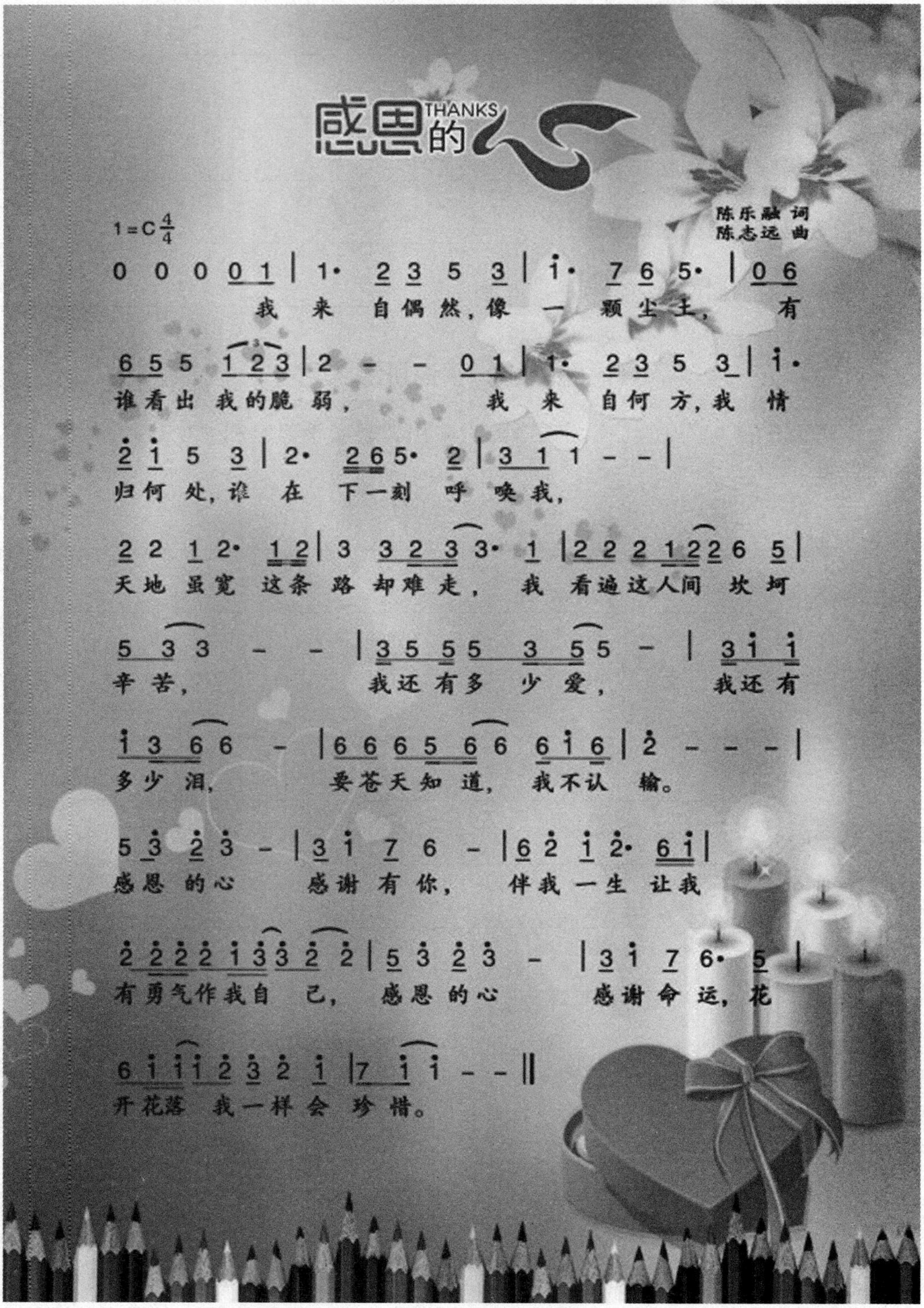
感恩的心
THANKS
1=C 4/4
陈乐融 词
陈志远 曲
我来自偶然，像一颗尘土，有
谁看出我的脆弱，我来自何方，我情
归何处，谁在下一刻呼唤我，
天地虽宽这条路却难走，我看遍这人间坎坷
辛苦，我还有多少爱，我还有
多少泪，要苍天知道，我不认输。
感恩的心感谢有你，伴我一生让我
有勇气作我自己，感恩的心感谢命运，花
开花落我一样会珍惜。

自我评估

通过活动实践，我做到了以下几项（在以下评估等级中打上“√”）

序号	自我评估标准	自我评估等级				
		优秀	良好	中等	较差	很差
1	我在活动中主动交流的表现					
2	深深理解了父母的不易					
3	能够倾听队友们的意见					
4	能够主动帮助某方面较弱的同学					
5	服从领队的统一安排					
6	愿意为了团队利益出谋划策，贡献自己的智慧					
7	愿意融入活动中，和自己的内心深刻交流					
8	在活动中出现不屑的态度后能够及时改正					
9	能深刻认识到活动的内涵					
10	参加活动后发现自己的不足，希望以后做得更好，并在以后的日子里加以改正	强烈	较强	一般	很小	不想
11	参加活动后有不同的心得体会，收获情况也不同	很大	较大	一般	较少	没有

收获感言（从感恩父母，感恩师长，到感谢身边的人，再到感谢生活）：

职业指导教师评价

评选活动之星了!

是否为小组活动之星 是（　　）　否（　　）	理由： 职业指导教师签名
是否为班级活动之星 是（　　）　否（　　）	理由： 职业指导教师签名

评定成绩了!

成绩评定	评定标准	备注
优秀（　　）	1. 按照活动的要求，参加并完成了所有项目； 2. 是小组活动之星； 3. 是班级活动之星； 4. 按照辅导员的要求完成了日常行为规范。	第二和第三之中有其一
良好（　　）	1. 按照活动的要求，参加并完成了所有的项目； 2. 按照辅导员的要求完成了日常行为规范。	
中等（　　）	1. 按照活动的要求，参加并完成了 95%的项目； 2. 按照辅导员的要求完成了日常行为规范。	
及格（　　）	1. 按照活动的要求，参加并完成了 90%的项目； 2. 按照辅导员的要求完成了日常行为规范。	
不及格（　　）	1. 按照活动的要求，参加并完成了 90%以下的项目； 2. 按照辅导员的要求完成了日常行为规范。	

职业指导教师评语

职业指导教师签名：

老师寄语

1. 谁言寸草心，报得三春晖。——孟郊

2. 蜜蜂从花中啜蜜，离开时不停地道谢。浮夸的蝴蝶却相信花是应该向他道谢的。——泰戈尔

3. 人世间最美丽的情景是出现在当我们怀念到母亲的时候。——莫泊桑

4. 感恩是美德中最微小的，忘恩负义是品行中最不好的。——英国谚语

5. 唯宽可以容人，唯厚可以载物。——薛宣

6. 没有感恩就没有真正的美德。——卢梭

7. 感恩即是灵魂上的健康。——尼采

8. 感恩是精神上的一种宝藏。——洛克

9. 人家帮我，永志不忘；我帮人家，莫记心上。——华罗庚

10. 感谢命运，感谢人民，感谢思想，感谢一切我要感谢的人。——鲁迅

11. 我的心承载多少繁花，花开花谢，却总有一片感恩的绿野停留。——无名

12. 父恩比山高，母恩比海深。——谚语

主题活动四　中国梦　爱国情

中华人民共和国国歌

（义勇军进行曲）

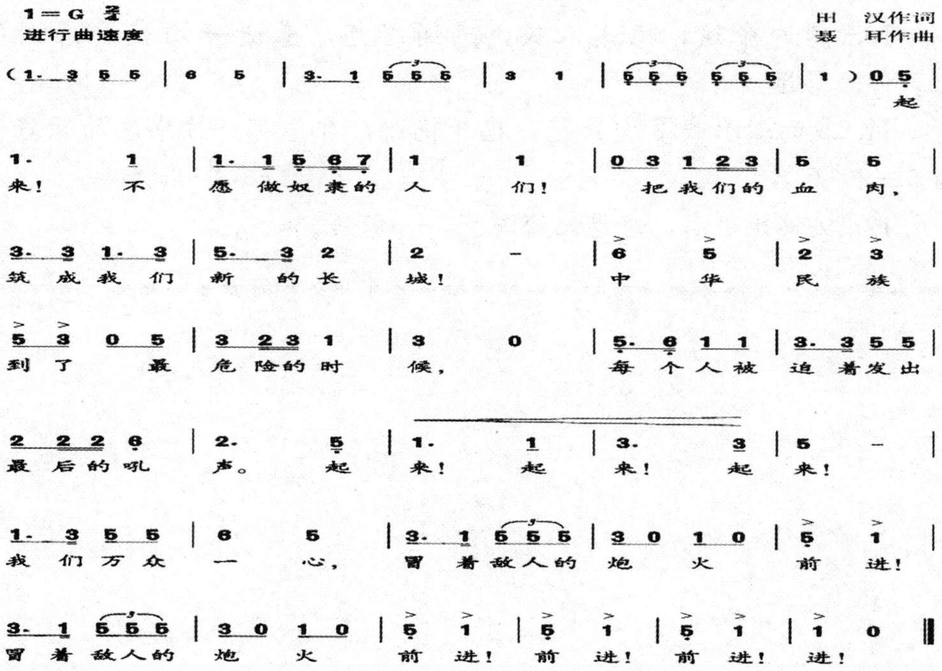

这首歌，我们的国歌，你会唱，我会唱，每个中国人都会唱！这首歌，每一句歌词，每一个音节，都慷慨昂扬。它是一首歌曲，但又不只是歌曲，这歌声，穿过时光，穿过岁月，让人热血沸腾！这是我们中国的第一声音，这是我们的国家气质，也是我们国家的象征！国歌在任何时候、任何地点唱响，传递着为捍卫国家和民族的尊严，中华民族的坚强斗志和不屈精神永远不会被磨灭！

你知道这 3 部法律吗?

1.《中华人民共和国国歌法》

2017 年 10 月 1 日正式实施，对国歌奏唱方式、使用、传承等作出明确规范，如：奏唱国歌时的礼仪要求，在场人员应当肃立、举止庄重……国歌对于凝聚中国人民在中国共产党的领导下砥砺奋进，实现中华民族伟大复兴的梦想具有巨大的激励作用。所有的中国人必须给予其最大的尊重。

2.《中华人民共和国国旗法》

1990 年 10 月 1 日起施行，对维护国旗的尊严，增强公民的国家观念，发扬爱国主义精神等作出明确规定。中华人民共和国国旗是五星红旗，是国家的象征和标志，每个公民和组织都应当尊重和爱护国旗。

3.《中华人民共和国国徽法》

1991 年 10 月 1 日起施行，对维护国徽的尊严，增强公民的国家观念，对国徽的制作、国徽的规格和对侮辱国徽者的处罚等许多重要内容作出规定。四颗小五角星环绕一个大五角星，象征着中国共产党领导下的全国人民大团结；齿轮和麦稻穗象征着工人阶级领导下的工农联盟；天安门体现了中国人民的革命传统和民族精神，同时也是我们伟大祖国首都北京的象征。国徽在颜色上用正红色和金红色互为衬托对比，体现了中华民族特有的民族色彩和传统，既庄严又富丽。中华人民共和国国徽是我们国家的象征和标志。

我们要做到：

（1）我爱中国。

（2）我为自己是一个中国人而自豪。

（3）我认为中国人挺了不起的。

（4）我的生活与国家紧密相连，受国家大事影响。

（5）举行升旗仪式时，在国旗升起的过程中，我应当面向国旗肃立致敬，并唱国歌。

（6）我会唱中华人民共和国国歌。无论何时何地听到国歌都应该肃立，举止庄重，不得有不尊重国歌的行为。

（7）我认为每个人都需学习并严格遵守《中华人民共和国国歌法》。不得故意篡改国歌歌词、曲谱，以歪曲、贬损方式奏唱国歌，或者以其他方式侮辱国歌。

（8）我知道中华人民共和国国徽，中间是五星照耀下的天安门，周围是谷穗和齿轮。

活动目标

◆ 感悟祖国为我们成长所创造的一切，怀有一颗感恩的心成长。

◆ 培养个人热爱祖国的深厚情感。

◆ 形成尊重国歌、国旗、国徽的良好品质，身体力行践行爱国主义思想。

行动

和同学们一起合唱《国歌》，我的感悟是：________________________

____

____

____

____

____

____

____

____

观看了天安门升国旗仪式视频，我的感悟是：____________________

____

____

____

____

____

____

____

和同学们一起绘制了《国徽》，我的感悟是：____________________

____

____

____

作为当代大学生，我觉得应该以一颗感恩的心践行爱国情怀：

小组间开展“国家 国歌 国旗 国徽”主题海报比赛，我会这样设计海报：

自我评估

通过活动实践，我做到了以下几项（在以下评估等级中打上“√”）

序号	自我评估标准	自我评估等级				
		优秀	良好	中等	较差	很差
1	能积极主动参加学习活动					
2	能积极主动认真思考活动的意义					
3	能积极主动与小组成员分享自己的观点					
4	能积极主动纠正周围同学不正确的观点					
5	能积极主动践行学习内容					
6	愿意为了团队利益出谋划策，贡献自己的智慧					
7	能积极主动和自己的内心深刻交流					
8	在活动中出现不屑的态度后能够及时改正					
9	能深刻认识到活动的内涵					
10	参加活动后发现自己的不足，希望以后做得更好，并在以后的日子里加以改正	强烈	较强	一般	很小	不想
11	参加活动后有不同的心得体会，收获情况也不同	很大	较大	一般	较少	没有

收获感言：

职业指导教师评价

评选活动之星了！	
是否为小组活动之星 是（　　）　否（　　）	理由： 职业指导教师签名
是否为班级活动之星 是（　　）　否（　　）	理由： 职业指导教师签名

评定成绩了！

成绩评定	评定标准	备注
优秀（　　）	1. 按照活动的要求，参加并完成了所有项目； 2. 是小组活动之星； 3. 是班级活动之星； 4. 按照辅导员的要求完成了日常行为规范。	第二和第三之中有其一
良好（　　）	1. 按照活动的要求，参加并完成了所有的项目； 2. 按照辅导员的要求完成了日常行为规范。	
中等（　　）	1. 按照活动的要求，参加并完成了 95%的项目； 2. 按照辅导员的要求完成了日常行为规范。	
及格（　　）	1. 按照活动的要求，参加并完成了 90%的项目； 2. 按照辅导员的要求完成了日常行为规范。	
不及格（　　）	1. 按照活动的要求，参加并完成了 90%以下的项目； 2. 按照辅导员的要求完成了日常行为规范。	

职业指导教师评语

职业指导教师签名：

老师寄语

1. 位卑不敢忘忧国。——陆游

2. 做人最大的事情是什么呢？就是要知道怎样爱国。——孙中山

3. 少年智则国智。少年富则国富。少年强则国强。少年独立则国独立。少年自由则国自由。少年进步则国进步。少年雄于地球则国雄于地球。——梁启超

4. 爱国主义始终是激昂的主旋律，始终是激励我国各族人民自强不息的强大力量。——习近平

5. 要把爱家和爱国统一起来，把实现家庭梦融入民族梦之中，心往一处想，劲往一处使，用我们4亿多家庭、13亿多人民的智慧和热情汇聚起实现“两个一百年”奋斗目标、实现中华民族伟大复兴中国梦的磅礴力量。——习近平

主题活动五 在团队中成长，在协作中进步（一）

活动目标

健康成长，离不开团队协作。在这个主题活动中，我们的任务是以班级团队活动的形式，在放松、自由的氛围里体会团队协作的快乐和收获，学习如何与他人相处，学习如何处理个人与集体的关系，同时也在团队协作中看到自己的不足，使自我得到成长。

通过开展以下班级团队活动，可以实现以下目标：

◆ 塑造班级团队精神，建立既有竞争又有友谊的班级文化

◆ 强化同学之间、老师同学、不同宿舍之间的有效沟通

◆ 建立积极向上的班级气氛

◆ 激发自己积极主动迎接挑战的正面态度

◆ 促进形成同学的自信心、负责任的人生态度

◆ 学习不同情景下的团体沟通方式

◆ 提升创新思维和解决问题的能力

◆ 学习关爱和支持他人

◆ 学习信任自己、他人和团队

行动

环节一中共有八个活动板块，在具体的活动中，大家可以根据自己班级的实际情况，任选 4～8 个活动来进行。

八个活动板块，都以小组协作的方式开展。小组成员的分配，大家可以自由组合，也可以按宿舍组合，还可以由报数的方式随机抽取。每个小组，尽量男女生搭配。希望大家不仅能够与熟悉的同学协作活动，也能学习配合不太熟悉的同学完成团队任务。

在每个活动结束后，针对游戏的过程在小组内做一些回顾与分享。整个大的活动

结束之后，由老师启发全班同学做一些思考，最后通过自我评价、老师评价、伙伴评价，希望每个同学在活动中都能有所体悟。团体活动的精髓就在于，一些团队协作的理念和思考就像是一颗颗种子，我们把它播到每个人心里，不一定马上就会开花，但只要种子在那儿，就终有开花的可能性。

环节一：开展活动

活动一：火车快开

活动流程：

1. 人员：每个系部 5～10 人。

2. 方法：参加游戏者排成一列，后面的人右手抬起前面的人的左腿，左手搭在前面的人的右肩上，形成小火车，最后一名也要单腿跳步前进，不能双腿着地。场地上画好起跑线和终点线，游戏开始时，各列小火车从起跑线出发，跳步前进，直奔终点，最先到达终点为胜。

3. 规则：

（1）游戏过程中队员必须跳步前行，不允许松手（一直保持抬起前面的人的左腿），以防火车断裂现象，火车断裂必须重新组织好，从起点重新开始游戏。

（2）以小火车最后一名同学通过终点线为准。

4. 各小组同时进行。

5. 道具：秒表。

讨论与分享：

1. 在这个活动中，你关注到你和队友的节奏是怎样的？

____

2. 你觉得如果你的小组要取胜的话，最重要的是什么？

____

活动二：搭桥过河

活动流程：

1. 人员：每组 6 人。

2. 方法：每个参赛队分为两组，每组三人，赛道两头各一组（自由组合），起点组手持四块“小地毯”（小地毯可以是报纸、旧书、塑料袋等），由第一名队员向前搭放“小地毯”，第三名队员不断地把身后的“小地毯”传给第一名队员，三人踩着“小地毯”前进 25 米，要求身体任何一个部位不能触地。待三人全部过界后，另一组接过“小地毯”以同样的方式往回走。以最快的速度通过规定的距离为胜。

3. 规则：

（1）组员在起点线外准备。待起点组全部到达终点时，终点组才能出发；

（2）比赛过程中只要有身体任何一个部位碰到地面，均视为犯规。

4. 各小组同时进行。

5. 道具：小地毯，秒表。

讨论与分享：

这个活动中，当别的队伍超过你的小组时，你的感受是什么？

活动三：协同作战

活动流程：

1. 人员：每组 5 人。

2. 方法：5 人一组，赛前抽写有“嘴”“脚”“手”“臀部”的字条（一名同学抽到写有“嘴”的字条，两名同学抽到写有“脚”的字条，一名同学抽到写有“手”的字条、一名同学抽到写有“臀部”的字条），其中抽到“嘴”的同学负责吹气球，抽到“脚”的两名同学负责运气球，抽到“手”的同学负责拿气球，抽到“臀部”的同学负责把运到指定位置的气球坐破。以 5 个气球为标准，名次以完成任务的时间早晚为准。

3. 规则：在比赛过程中，除了抽到“手”的同学可以拿气球外，其他同学都不可以拿，否则视为违规。

4. 各小组同时进行。

5. 道具：气球、秒表、便签。

讨论与分享：

1. 在这个活动中，你参与的是哪部分？

---

2. 在活动过程中，你除了做好自己的那一部分外，会不会忍不住去做伙伴的那部分，这种时候，感觉如何？

活动四：背靠背心连心

活动流程：

1. 人员：每小组 6～10 人（双数）。

2. 方法：每两人齐肩双手分别夹住一个气球，背靠背夹住一个气球横向滑步前进，途中绕过折返点（3～10 米），返回到出发点由下两名同学进行接力，行进中排球不得落地、爆炸，途中手、手臂不得碰球，最先完成者胜出。

3. 规则：

（1）比赛过程中如有球落地需从原点准备好再前进。

（2）途中不得以手、手臂碰球，否则视为违规。

4. 各小组同时进行。

5. 道具：气球，秒表。

讨论与分享：

在这个活动中，你们用了什么方法让气球在不落地的情况下保持速度？

活动五：多人多足竞赛

活动流程：

1. 参赛人员：每组 6～10 人。

2. 方法：各小组队员相互间用布条绑在小腿以下的位置，以最快的速度通过规定的距离为胜。

3. 规则：比赛以小组全体同学通过终点线为基准。

4. 两个小组同时进行。

5. 道具：布条、秒表。

讨论与分享：

在这个活动中，你感觉你们的小组做得如何？

活动六：人心齐，泰山移

活动流程：

1. 参赛人员：每组 5～10 人。

2. 方法：各小组同学围成一个圈，每位同学将双手放在前面一个同学的肩膀上，听从总指令，缓缓地坐在身后同学的大腿上，喊出口号，如：齐心协力等，看哪个队坚持的时间最长。

3. 规则：以坚持的时间长短为成绩，坚持 10 分钟为满分。

4. 各小组同时进行。

5. 道具：秒表。

讨论与分享：

在各个活动中，你是需要把自己全然交付给队友的，你感觉如何？

活动七：心有千千结

活动流程：

1. 人员：全班同学。

2. 方法：全班同学手拉手围成一个圆圈，每个同学牢牢记住自己左手和右手拉着的同学是谁。然后报数，单数出列，向左走三步，成内圈。站住不动。伸手拉住自己刚才左手右手拉住的同学。这时，队列会变成由无数个结组成的混乱场面。尝试在每个同学双手不放开的情况下，打开结，回复最初的圆圈。

3. 规则：听指挥，不放手。

4. 时间不限。

讨论与分享：

1. 在这个过程中，你有过想要放弃的念头吗？

---

2. 让你坚持下来的原因是什么？

环节二：反思与领悟

以小组为单位，一起讨论以下问题，并在班级里汇报：

我看自己：

1. 在这些活动中，多数时候你是：（　　）

A. 出主意的人　　B. 默默配合者　　C. 主动组织者　　D. 观察者

2. 在这些活动中，你印象最深刻的是哪些部分？

3. 哪些时候，你是开心的，兴奋的？

4. 哪些时候，你是投入的？

5. 当你听到伙伴们抱怨和指责时，你是怎么想的？

6. 在团队协作中，我跟队友沟通的有效度百分比是多少？

7. 你觉得在活动过程中自己的变化是：

8. 你最大的收获是什么？

我看团队：

1. 最欣赏我们小组的三个部分：

2. 小组还可以提升和改善的地方是：

伙伴看我：(选三个队员，评价我的参与、协作、支持的情况)

1. 我做什么让你感受到了支持：________________（队友签名：　　　　）
2. 我做什么让你感受到了支持：________________（队友签名：　　　　）
3. 我做什么让你感受到了支持：________________（队友签名：　　　　）

自我评估

在班级团队训练中，我做到了以下几项（在以下评估等级中打上“√”）

序号	自我评估标准	自我评估等级				
		优秀	良好	中等	较差	很差
1	我在活动中主动交流的表现					
2	为了团队利益宁可牺牲自己的利益					
3	能够倾听队友们的意见					
4	能够主动帮助某方面较弱的同学					
5	服从领队的统一安排					
6	愿意为了团队利益出谋划策，贡献自己的智慧					
7	愿意融入集体，和同学们和睦相处					
8	在团队训练中出现错误后能够及时改正					
9	同学们指出自己的错误后愿意接受同学们的批评					
10	参加活动后发现自己的不足，希望以后做得更好，并在以后的日子里加以改正	强烈	较强	一般	很小	不想
11	参加活动后有不同的心得体会，收获情况也不同	很大	较大	一般	较少	没有

收获感言：

职业指导教师评价

评选活动之星了！	
是否为小组活动之星 是（ ） 否（ ）	理由： 职业指导教师签名
是否为班级活动之星 是（ ） 否（ ）	理由： 职业指导教师签名

评定成绩了！

成绩评定	评定标准	备注
优秀（ ）	1. 按照班级团队训练的要求，参加并完成了所有项目； 2. 是小组活动之星； 3. 是班级活动之星； 4. 按照辅导员的要求完成了日常行为规范。	第二和第三之中有其一
良好（ ）	1. 按照班级团队训练的要求，参加并完成了所有的项目； 2. 按照辅导员的要求完成了日常行为规范。	
中等（ ）	1. 按照班级团队训练的要求，参加并完成了95%的项目； 2. 按照辅导员的要求完成了日常行为规范。	
及格（ ）	1. 按照班级团队训练的要求，参加并完成了90%的项目； 2. 按照辅导员的要求完成了日常行为规范。	
不及格（ ）	1. 按照班级团队训练的要求，参加并完成了90%以下的项目； 2. 按照辅导员的要求完成了日常行为规范。	

职业指导教师评语

职业指导教师签名：

老师寄语

1. 要做真正的知己，就要彼此信任。

2. 对人的热情，对人的信任，形象地说，是爱抚、温存的翅膀赖以飞翔的空气。

3. 把自己的缺点告诉朋友是莫大的信任，把他的缺点告诉他是更大的信任。

4. 帮助别人的人，能得到别人的帮助。

5. 世界上最美的语言是赞美，世界上最好的美德是宽容。

6. 赠人玫瑰，手留余香。

7. 不善合作，一败涂地，齐心协力，共享成功。

8. 孤军奋战，其力有限，众志成城，坚不可摧。

9. 一个人可以走得很快，但走得不远。

主题活动六　在团队中成长，在协作中进步（二）

活动目标

职场上所有任务的完成，离不开团队协作。下面将结合未来职场中的实例，在讨论、案例、角色扮演、思考中学习在工作中恰当地表达不同意见，理解职场中向人求助的重要性，学习如何升华个人目标，把个人与组织目标结合起来。

通过开展以下活动，实现以下目标：

◆ 掌握批评的恰当时机和方式

◆ 学生站在全局看问题

◆ 激发学生升华个人目标为组织目标

◆ 帮助学生增加求助的能力

◆ 学习信任自己、他人和团队

行动

环节一的每个活动结束后，同学们可针对游戏的过程在小组内做一些回顾与分享。所有活动结束之后，由老师启发全班同学做一些思考。最后设计了自我评价、老师评价、伙伴评价，希望每个同学在活动中都能有所体悟。团体活动的精髓在于：一些团队协作的理念和思考就像一颗颗种子，我们把它播到每个人心里，不一定马上就会开花，但种子在那儿，就终有开花的可能性。

环节一：开展活动

活动一：帮助他人提升合作目标

设计一条手机的短信息。通过这个短信息，提升员工参与集体活动的自觉性，明确合作目的。

活动背景：

某公司的一天晚上，已经过了下班时间。一位女性新员工整理好物品，正要离开，被部门主管叫住。

主管说，今天晚上，总公司召开年度表彰大会，并举行合唱比赛。公司选择 60 人参加，可是 1 人生病，出现空缺，要她帮帮工会主席，临时顶替参加大会，担任合唱队员。

无奈，这位女工只好换上服装，边化妆边熟悉歌词，边给自己的男朋友发短信："亲爱的，真倒霉，晚走一步，被经理抓住，作为替补人员，我要参加什么总公司表彰大会，还要上台合唱。你自己吃饭吧，10 点过来接我？"

活动要求：

这则短信在字里行间反映出这位新员工的消极情绪。请以这位女员工男朋友的口吻，回复一条短消息。短信字数不超过 120 字。在短信内要明确说明的内容有：第一，在公司需要员工提供帮助的时候，必须尽力。第二，有机会参加公司组织的合唱队，这是员工的荣誉。第三，可以抓住机会，了解公司情况，熟悉高层管理者，融洽同事关系。

短信：

____

____

____

____

____

____

____

____

____

活动二：寻找完成任务的捷径

活动背景：

一家公司的业务部，在一座写字楼的第 24 层办公。所在楼层还有公司的其他部门。业务部是开放式的办公空间，三十多位员工每人一个卡座式办公台，只有部门的老总在角落里有一个隔开的空间。一位进入公司刚三天的新员工，坐在离门口最近的位置，旁边是一部复印机。

这天，整个部门只有新员工坐在办公台前，其余人员都出去办事了。一位老员工外出前，对新员工交代：大家外出办事，负责文秘工作的文员生病请假，请你照看一下办公室。临近中午，部门老总从外面急匆匆进来，见办公室只有新员工一个人，觉得有些奇怪，但没有说什么，走进自己的隔间。一会儿，老总拿出份文件要复印，发现没有复印纸了，不悦地说："没看见没有复印纸了吗？快解决一下。"

新员工急忙下楼，连续跑了七八家文具店，走街串巷，货比三家，扛回三种规格的十包复印纸。回来时候，已经是下午上班时间。他满身是汗地走进第 24 层的办公室，许多同事已经回来了。那位老员工焦急地说："你怎么才回来呀，快去见老总。"他拿着购纸发票走进隔间，遭到的却是批评。

讨论：

1. 为什么新员工做了工作反遭到批评，他错在什么地方？

____

____

____

2. 接到老总的指令后，应该如何做才能完成任务？

____

____

____

____

活动三：换一种说法

采用场景模拟的形式，由同学扮演相应的角色，在特定的情景中进行对话，训练提意见的能力。在活动前，没有固定台词，凭借同学的现场发挥，从而了解语言习惯。

一位同学扮演吸烟者，另一位扮演安保人员。"吸烟者"在不应该吸烟的场合吸烟。这是公共场合，如政府部门的社会服务大厅、银行的大堂、酒店机场的限制吸烟区域。

"安保员"的任务是劝阻"吸烟者"不在受限制的区域内吸烟。

任务的难度在于，这位吸烟者心情很恶劣，对于劝告极为反感，甚至说一些脏话。不管吸烟者如何，安保人员都必须彬彬有礼，耐心解释。然后两人互换角色。注意观察"安保员"在这个时候的应对语言。

你的观察是：______________________________

练一练：

分析以下对话，指出不恰当的表达方式，写出适宜的表达意见方式，与小组成员交流完成。

（1）对话背景：你的间接上级临时安排你写个方案，确实没有时间。你的回答是："为什么让我写这个方案，这事不由我负责。"

恰当表达：____

____

（2）对话背景：你外出回来，发现有人动乱了你办公桌上的文件。你不高兴地说："我不在办公室的时候，不要乱翻我的资料。"

恰当表达：____

____

（3）对话背景：你给客户报产品的价格，客户压低价格，并指出其他公司的价格更低，你恼怒地说："你能找到比我价格还低的货，我把脑袋割下来给你。"

恰当表达：____

____

（4）对话背景：你的下属工作出现很低级的失误，你指责他说："你呀你呀，真是笨到家了，这么简单的事情也会被你搞砸。"

恰当表达：____

____

环节二：反思与领悟

我看自己：

1. 在日常的学习和生活中，有没有向他人寻求帮助的意识？如果有，表现在哪些方面，请列举。

____

____

2. 遇到问题时会寻求他人帮助的原因/不寻求他人帮助的原因？

3. 在团队中有不同意见时，我一般采取什么样的表达方式表达自己的不同观点？

4. 通过活动，我在表达方式上有哪些方面是可以进一步完善的？

自我评估

通过活动实践，我做到了以下几项（在以下评估等级中打上“√”）

序号	自我评估标准	自我评估等级				
		优秀	良好	中等	较差	很差
1	我在活动中主动交流的表现					
2	在团队中能够用恰当的方式表达自己的不同意见					
3	能够倾听队友们的意见					
4	能够主动帮助某方面较弱的同学					
5	能够在遇到困难时主动寻求他人帮助					
6	愿意为了团队利益出谋划策，贡献自己的智慧					
7	愿意融入集体，和同学们和睦相处					
8	在团队训练中出现错误后能够及时改正					
9	同学们指出自己的错误后愿意接受同学们的批评					
10	参加活动后发现自己的不足，希望以后做得更好，并在以后的日子里加以改正	强烈	较强	一般	很小	不想
11	参加活动后有不同的心得体会，收获情况也不同	很大	较大	一般	较少	没有

收获感言：

职业指导教师评价

<table>
<tr><td colspan="3">评选活动之星了！</td></tr>
<tr><td>是否为小组活动之星
是（　　）　否（　　）</td><td colspan="2">理由：

职业指导教师签名</td></tr>
<tr><td>是否为班级活动之星
是（　　）　否（　　）</td><td colspan="2">理由：

职业指导教师签名</td></tr>
<tr><td colspan="3">评定成绩了！</td></tr>
<tr><td>成绩评定</td><td>评定标准</td><td>备注</td></tr>
<tr><td>优秀（　　）</td><td>1. 按照活动环节的要求，参加并完成了所有项目；
2. 是小组活动之星；
3. 是班级活动之星；
4. 按照辅导员的要求完成了日常行为规范。</td><td>第二和第三之中有其一</td></tr>
<tr><td>良好（　　）</td><td>1. 按照活动环节的要求，参加并完成了所有的项目；
2. 按照辅导员的要求完成了日常行为规范。</td><td></td></tr>
<tr><td>中等（　　）</td><td>1. 按照活动环节的要求，参加并完成了 95%的项目；
2. 按照辅导员的要求完成了日常行为规范。</td><td></td></tr>
<tr><td>及格（　　）</td><td>1. 按照活动环节的要求，参加并完成了 90%的项目；
2. 按照辅导员的要求完成了日常行为规范。</td><td></td></tr>
<tr><td>不及格（　　）</td><td>1. 按照活动环节的要求，参加并完成了 90%以下的项目；
2. 按照辅导员的要求完成了日常行为规范。</td><td></td></tr>
<tr><td colspan="3">职业指导教师评语</td></tr>
<tr><td colspan="3">

职业指导教师签名：</td></tr>
</table>

老师寄语

1. 最大的挑战和突破在于用人，而用人最大的突破在于信任人。

2. 一个人失败的最大原因，就是对于自己的能力永远不敢充分信任。

3. 团结就是力量。

4. 单丝不成线，独木不成林。

5. 当你不信任某人的时候，你很难信赖他的建议或帮助，即使建议是正确的，而你同时十分需要帮助。

6. 耳闻不如目睹，口说不如身行。

7. 远水难解近火，远亲不如近邻。

8. 孤树难成林，遇事要求人。

主题活动七　户外拓展训练

活动目标

拓展训练的本质可以用八个字概括——“挑战自我，熔炼团队”，看上去是两个目标——个人和团队，但实际上是手心手背的关系，因为所有的拓展训练对个人而言都是挑战，并在个人成长的基础上进行团队训练。通过体验式拓展训练，可以实现以下目标：

- ◆ 塑造团队精神，建立成功团队，深刻体会“We can do anything together”
- ◆ 强化同学之间、老师和同学之间的有效沟通
- ◆ 建立积极向上的、轻松的组织气氛
- ◆ 提升自己负责任的心态
- ◆ 激发自己积极主动迎接挑战的正面态度
- ◆ 促进个人成长（自信心、进取心、责任感、使命感、自我认知积极的人生态度）
- ◆ 树立群体合作精神及合作技巧
- ◆ 培养坚强的意志品质、创新思维和解决问题的能力
- ◆ 对他人的热诚和关爱，培养良好的环境意识和社会责任感

行动

班级拓展训练

针对班级拓展训练，采用“报备批准制”和“辅导员安全责任制”相结合的方式进行，辅导员向本院部和学生处提出申请，在与学院签订协议的培训机构内选择。

1. 时间：____

2. 地点：______________________________

3. 训练项目：______________________________

____

____

____

4. 热身准备：

（1）讲述拓展训练的内容及意义，以及良好的心理素质和积极进取的人生态度对成功的重要作用，同时激发同学们的参与热情，形成欢快热烈的良好氛围。

（2）制定队名、队歌、队训、队徽，选出队长。

（3）各组展示：通过分组形式，迅速建立沟通环境，团队初步形成，12～17 人组成一队，以独特的方式进行自我介绍，加速了解。

户外拓展训练项目简介

NO. 1　信任背摔

项目介绍：

每位学员都将站在一个 1.5 米的高台上，身体笔直向后倒，其他学员用手臂去接这名队员。培训师负责监控整个过程及安全问题。

目标：

（1）增强队员间的相互信任和理解，这也是新团队的基础。

（2）克服心理障碍，增强自信心、战胜恐惧。

（3）学习换位思考，通过身体接触，打破大家之间的隔膜。

（4）在组织中建立平等的人际关系，增强团队的凝聚力。

NO. 2　孤岛求生

项目介绍：

将所有队员分成三组，安置于三个已规定的岛上（珍珠岛、瞎子岛、哑巴岛）各组队员扮演各自岛上的角色，在规定的时间内，按规定完成任务。

目标：

（1）团队沟通协作。

（2）团队的动态管理。

（3）有效沟通与协作。

（4）新角度管理的诠释。

NO. 3　无轨列车

项目介绍：

一支考古探险小分队，在深山中发现上古时的一座山洞。传说里面有神奇的宝藏，可要进入前必须先通过一片“神秘”沼泽的考验，于是……

目标：

（1）有效有序的沟通对团队合作的重要性。

（2）学会倾听，学习在困难和挑战面前保持清醒和冷静的头脑。

（3）改善沟通技巧，学习运用多种沟通方式交流。

（4）团队分工配合，做到步调一致。

（5）感受个人目标的实现有赖于团队目标的实现。

NO. 4　毕业墙（求生墙）

项目介绍：

全体队员在规定的时间内翻越一面 4 米高的光滑墙面，在此过程中，大家不能借助任何外界的工具，包括：衣服、皮带、绳子等，所能利用的资源只有大家的身体以及自己的聪明才智。

目标：

（1）尝试错误，容忍错误的出现。

（2）人力资源的合理分配、利用。

（3）团队气氛达到高潮。

（4）对于计划、目标的分析，目标倒退法。

（5）培养大家为了团队的利益，无私奉献的精神。

NO. 5　雷区取水

项目介绍：

队员在规定时间内，用三种以上不同方法从雷区内把三件宝物取出来。在一个直径 5 米的雷区中间有一个水源（瓶装矿泉水），要在仅用一根绳子、不接触地面的情况下取到全体队员的救命水，可能吗？在关乎生死的环境中，只有高效率、能迅速达成共识，并勇于尝试的团队才能险中取胜。

目标：

（1）培养队员的创新思维能力。

（2）学会资源优化配置，充分发挥资源的最大效用。

（3）团队的合作精神。

（4）学习领导者的思维、观念与意识。

（5）培养团队成员主动沟通的意识，体验有效的沟通渠道和沟通方法。

自我评估

通过活动实践，我做到了以下几项（在以下评估等级中打上“√”）

序号	自我评估标准	自我评估等级				
		优秀	良好	中等	较差	很差
1	我在活动中主动交流的表现					
2	为了团队利益宁可牺牲自己的利益					
3	能够倾听队友们的意见					
4	能够主动帮助某方面较弱的同学					
5	服从领队的统一安排					
6	愿意为了团队利益出谋划策，贡献自己的智慧					
7	愿意融入集体，和同学们和睦相处					
8	在团队训练中出现错误后能够及时改正					
9	同学们指出自己的错误后愿意接受同学们的批评					
10	参加活动后发现自己的不足，希望以后做得更好，并在以后的日子里加以改正	强烈	较强	一般	很小	不想
11	参加活动后有不同的心得体会，收获情况也不同	很大	较大	一般	较少	没有

收获感言：

职业指导教师评价

评选活动之星了！

是否为小组活动之星 是（　　）　否（　　）	理由： 职业指导教师签名
是否为班级活动之星 是（　　）　否（　　）	理由： 职业指导教师签名

评定成绩了！

成绩评定	评定标准	备注
优秀（　　）	1. 按照拓展训练的要求，参加并完成了所有项目； 2. 是小组活动之星； 3. 是班级活动之星； 4. 按照辅导员的要求完成了日常行为规范。	第二和第三之中有其一
良好（　　）	1. 按照拓展训练的要求，参加并完成了所有的项目； 2. 按照辅导员的要求完成了日常行为规范。	
中等（　　）	1. 按照拓展训练的要求，参加并完成了95%的项目； 2. 按照辅导员的要求完成了日常行为规范。	
及格（　　）	1. 按照拓展训练的要求，参加并完成了90%的项目； 2. 按照辅导员的要求完成了日常行为规范。	
不及格（　　）	1. 按照拓展训练的要求，参加并完成了90%以下的项目； 2. 按照辅导员的要求完成了日常行为规范。	

职业指导教师评语

职业指导教师签名：

老师寄语

1. 二人同心，其利断金。——《易经》

2. 天时不如地利，地利不如人和。——先秦·孟子

3. 五人团结一只虎，十人团结一条龙，百人团结像泰山五人团结一只虎。——邓中夏

4. 唯宽可以容人，唯厚可以载物。——薛宣

5. 万人操弓，共射一招，招无不中。——《吕氏春秋》

6. 上下同欲者胜。——孙武

7. 一致是强有力的，而纷争易于被征服。——伊索

8. 能用众力，则无敌于天下矣；能用众智，则无畏于圣人矣。——三国·孙权

主题活动八　弘扬工匠精神

活动目标

◆ 弘扬工匠精神，传承鲁班文化。

◆ 重拾工匠心，重塑工匠魂。

行动

活动 1：拜师

目标

职业院校的现代学徒制是指通过学校、企业的深度合作与教师、师傅的联合传授，对学生以技能培养为主的现代人才培养模式，按照既要传授职业之技，又要传承工匠之道的要求，以师傅带徒弟点对点、一对一的模式对口培养，共同学习，协同进步。目的是营造浓厚的学习氛围，延续中华文明尊师重教的优良传统，热爱学习，孜孜不倦，充分发挥专业前辈的“传、帮、带”作用，引导学生更好地学习经验，提高专业技术和业务素质，促进学生的全面发展。将中国的传统文化和现代学徒制结合起来，让学生体验从“师生”到“师徒”的关系转变以及学生从“学校人”到“社会人”的身份转变。

主题

尊师重教，明理尚学。

仪式

1. 徒弟拜师

学生分为小组，分别拜见师傅，拜三拜，行鞠躬礼。

“一拜师傅勤栽培，二拜师傅传技艺，三拜师傅承师恩。”

给师傅敬茶。

“师傅，请喝茶，并受徒儿一拜。”年轻人手捧茶杯，躬身拜向师傅，师傅接过茶，接受敬礼。

师傅向徒弟赠送工装、学习用品并训导鼓励。

2. 师生集体宣誓

“我宣誓，在余下的每一天，严格遵守校风校纪，拼尽全力用心学习，拒绝内心所有懒惰，珍惜每天每分每秒，为自己的前途奋斗，为自己的人生负责。悬梁刺股，发奋图强；壮我青春，圆我梦想。既然来了，就要做一名虎将。请父母放心！请师傅放心！请学校放心！”

活动 2：传统木工小制作

目标

本活动通过传统的木工文化，学生动手设计、实践制作简易的木制品，让学生在实践中体验成功的乐趣，从而传承中华优秀传统文化，提高学生的动手能力、创新设计能力与合作精神；通过交流分享，让学生感受活动带来的快乐和成功。培养学生良好的劳动习惯、吃苦耐劳和精益求精的精神！

内容

通过作品的设计、制作、修改完善，发展学生的技术思维；认识一些木材和简单的木工加工工具；学会画线、锯割、刨、钉、砂磨与拼接组装等操作要领。在实践活动中，学会使用简单的木工工具，形成初步的技术意识。

准备

学生分组，每组配备一个工具箱（内装：羊角锤子 1 把，刨子 1 个，框架锯、钢锯各 1 把，砂纸 1 张，铅笔 1 支，角尺 1 把，铁钉的竹筒）；每组配备一些木板、木方。

教师准备：墨斗、虎钳、木制品样品若干件、急救箱、彩笔、作图工具、砂纸、各种木板、木方、凿子等。

场地准备

专用活动室 1 间（内有木工专用操作凳多张、配套椅子多把、讲台），储存室 1 间，与木工活动室连在一起，配好电、插座。内存放：电锯、电钻各 1 台、操作台 1 张、柜子 1 张、磨刀石、机油、圆规、钢锯条若干、手套、小木方、木板及其他备用器材。

过程与方法

多媒体展示一些精美的木制建筑和物品的图片，展示一些自制的简易木制品，介绍一些木工文化，激发学生的兴趣。

交代活动任务：认识工具、学会工具的基本操作、设计制作简单作品、交流分享等。示范工具的使用。修整边缘可以用刨子刨或砂纸打磨。

强调安全

活动中学生要用到刨子、锤子和刀子等工具，操作不当极易造成伤害，因而要特别强调学生必须规范操作，并要求学生不串组，不乱拿其他组的器材。

制作实践

小组讨论，确定方案。组长组织组员讨论在活动中要制作的作品的式样，设计好初步的方案。小组成员分工合作，根据讨论的式样用铅笔画出木件的板样。在学生动手制作的过程中，教师不断巡视。

作品参考

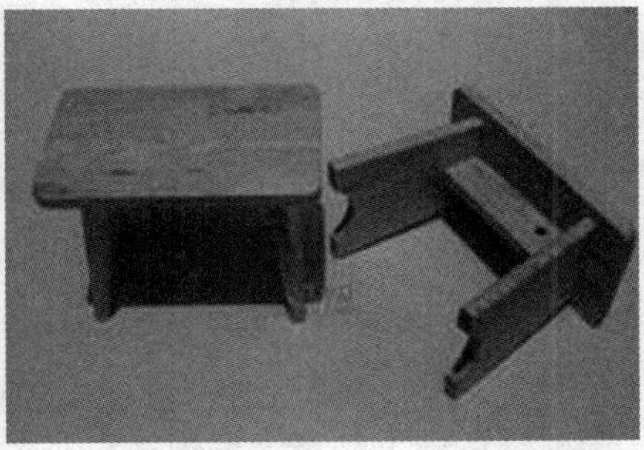

整理工具

将工具整齐地摆放在工具箱内，杂物清理出工具箱，锯子统一放到讲台上。

成果展示、交流分享

分小组派代表展示作品，向全班介绍作品及其特点，交流分享制作的经验、感受和快乐。指出作品的实用性、合理性、新颖性以及尚可改进的地方，提出具体、实用、具有特色的改进意见和建议。

小故事　　工匠鲁班

鲁班，山东曲阜人，出身于世代工匠的家庭，有一年夏天，鲁班家乡鲁国国君要他监工营造一座宫殿，期限为3年。宫殿所需的木料，鲁班等工匠们到山上砍3年也完不成任务。国君的话就是命令，不允许随便更改，如果耽误了工程进度，杀头是不可避免的。鲁班愁得连觉也睡不踏实。为了加快砍伐木料的进度，鲁班每天都要提前上山选择好要砍的树木。

这天，天刚蒙蒙亮，鲁班便迎着晨曦，踏着夜露，提前出发了。为了节省时间，他便抄小路走，小路上山近，可是坡陡路滑，而且横七竖八地长满了小树、杂草，行走很困难。他只好扶着树木、拽着茅草往上爬。忽然，脚底一滑，身体便顺着山坡往下滚去，他急中生智，急忙抓住一把茅草，由于没有抓牢，反而感到手掌心疼痛无比，滑到山脚，狼狈地爬了起来，伸开手掌一看，掌心已是鲜血淋漓，他很惊奇，为何一把茅草能够划破人的手掌。他顾不得疼痛，沿着山坡爬上去看，这丛茅草与别的草相同，他不甘心，便揪下一根茅草仔细地观察起来，茅草的叶子很怪，叶子两边都长着锋利的小细齿，人手握紧它一拽，手掌就会被划破。

他又试着用茅草在他的手指上拉了一下，果然又划开一道血口。他正想俯身探究其中的道理，忽然看到近处有一只大蝗虫，两枚大板牙一开一合，很快地吃着草叶。鲁班把蝗虫捉住细看，发现蝗虫的大板牙上也排列着许多小细齿。

鲁班从这两件事中得到启发，心想：如果仿照茅草和蝗虫的细齿，来做一件边缘带有细齿的工具，用它来锯树，岂不比斧砍更快、更好吗？鲁班忘记疼痛，转身下山，做起试验来。在金属工匠的帮助下，鲁班做了一把带有许多细齿的铁条。鲁班将这件工具拿去锯树，果然又快又省力。

锯子就这样发明了。鲁班的发明创造很多，常用的还有曲尺、刨子、墨斗、云梯、石磨、风车、锁钥、木鸢等。他的发明还包括古代兵器、农业机具、仿生机械等。

鲁班被视为技艺高超的工匠的化身，被土木工匠尊为祖师。他身上有一种“工匠精神”的光芒照耀着世人。他集匠心、师道、圣德于一身，巧技制胜、规矩立身、授业解惑、至善于人、创新垂法、博施济众。

小故事　　中国新工匠

2017年10月14—19日，在阿联酋阿布扎比第44届世界技能大赛中，广州建筑工程职业学校施工专业19岁的梁智滨获得中国首枚砌筑项目金牌，被誉为“中国新工匠”。

梁智滨参赛的内容是根据图纸上的三个图案进行砌墙，比赛时间分4天进行，共22个小时，10月15日比赛正式开始，他全力以赴，全情投入，认真对待每个细节，他舞砖弄刀，砌、削、搬、筑，争分夺秒，汗水与砖灰混在一起糊在脸上都顾不上擦。还经常遇到突发状况，比如放样错误导致砌不上去，圆砌得不够圆也要重新砌。

砌筑比赛成绩由两项构成，一项是作品直观印象，另一项是作品质量的好坏，精确度是精确到1毫米，超了就扣分。梁智滨是个精益求精的完美主义者，做事情就要做到最好，做不好就重复做，比赛中误差超过10毫米就没分了，这些和参赛选手的动作是否熟练、技术是否成熟有着直接关系，随着砖墙像一件精美艺术品那样慢慢成形，他最终砌筑出一幅力与美结合的阿拉伯风格建筑物，在裁判们的挑剔眼光中，他获得了全场最高分68.89分，登上了世界技能舞台的巅峰。

梁智滨曾有个愿望，他希望自己能读建筑专业，可以亲自给父母建楼，2014年9月，梁智滨考上了广州市建筑工程职业学校的建筑施工技术专业。二年级上学期，他留意到学校有一个砌筑比赛，经过选拔进入了国家队。2016年12月8日，梁智滨来到位于长沙的训练基地，基地共有来自全国各地的10名选手，选拔赛一共有10进5、5进2、2进1三轮，他一路过关斩将，在省赛、国赛中脱颖而出。大赛前的两年里，梁智滨的日子全部用来搬砖、砌墙，砌好了拆，拆了再砌，反反复复训练，手上磨出了厚厚的茧子，他每天要砌200多块砖，精确到毫米，调精度、勾灰缝、清洁墙面，边砌边量。夏天在工作间里，汗水常常混着砖灰，弄得一身都是脏脏的，一般人很难坚持，但他克服了枯燥，坚持了两年。他说：“如果你把自己当成是艺术工作者，把砌的墙当成一件艺术品来看待，就不会感到乏味了。”

三百六十行，行行出状元，梁智滨用他的经历向世人证明，拥有精湛的技能一样可以让人生熠熠生辉。他说，“中国建筑人越来越注重质量，将会有更多的中国工匠踏踏实实、一砖一瓦地砌筑起中国技能的万里长城。参加世技赛，不仅是为了提升技术，更是为了磨炼学习及生活态度，切身体会一丝不苟、精益求精的‘工匠精神’。”

自我评估

通过活动实践，我做到了以下几项（在以下评估等级中打上“√”）

序号	自我评估标准	自我评估等级				
		优秀	良好	中等	较差	很差
1	我在活动中主动交流的表现					
2	为了团队利益，主动承担工作					
3	能够倾听队友们的意见					
4	能够主动帮助某方面较弱的同学					
5	服从领队的统一安排					
6	愿意为了团队利益出谋划策，贡献自己的智慧					
7	愿意融入集体，和同学们和睦相处					
8	在练习中出现错误后能够及时改正					
9	同学们指出自己的错误后愿意接受同学们的批评					
10	参加活动后发现自己的不足，希望以后做得更好，并在以后的日子里加以改正	强烈	较强	一般	很小	不想
11	参加活动后有不同的心得体会，收获情况也不同	很大	较大	一般	较少	没有

收获感言：

职业指导教师评价

评选活动之星了！	
是否为小组活动之星 是（　　）　否（　　）	理由： 职业指导教师签名
是否为班级活动之星 是（　　）　否（　　）	理由： 职业指导教师签名

评定成绩了！

成绩评定	评定标准	备注
优秀（　　）	1. 按照练习的要求，参加并完成了所有项目； 2. 是小组活动之星； 3. 是班级活动之星； 4. 按照辅导员的要求完成了日常行为规范。	第二和第三之中有其一
良好（　　）	1. 按照练习的要求，参加并完成了所有的项目； 2. 按照辅导员的要求完成了日常行为规范。	
中等（　　）	1. 按照练习的要求，参加并完成了 95%的项目； 2. 按照辅导员的要求完成了日常行为规范。	
及格（　　）	1. 按照练习的要求，参加并完成了 90%的项目； 2. 按照辅导员的要求完成了日常行为规范。	
不及格（　　）	1. 按照练习的要求，参加并完成了 90%以下的项目； 2. 按照辅导员的要求完成了日常行为规范。	

职业指导教师评语

职业指导教师签名：

老师寄语

1. 当常规技艺与人的精神达到一种高层次的配合，心手合一，物我两忘，便创造了几近完美，精益求精。

2. 弘扬工匠精神，成就出彩人生。

3. 精益求精、严谨细致、耐心专注、坚守敬业。

4. 技近乎道。

5. 天工开物、匠心独运。

6. 从容独立、踏实务实；摒弃浮躁、宁静致远；精致精细、执着专一。

7. 大国之路，匠心筑梦，实干兴邦。

8. 劳动光荣、技能宝贵、创造伟大。

9. 干一行、爱一行、专一行，用知识点亮自己的精彩人生。

10. 在劳动中体现价值、展现风采、感受快乐。

21世纪高职高专规划教材·通识课系列

职业素养实践教育

（2）

主编　张云霞

中国人民大学出版社
·北京·

《职业素养实践教育》指导委员会

主　任：牛定柱

副主任：张少兰　刘永宽　姚廷超　徐燕飞

成　员：张云霞　凌万刚　那永生　张　化　林向群　邬　琰　黄荣文
张雪梅　王　琳　刘丽芳　杨丽芳　徐　斌　孙丽娟　王　念
保关丽　张朴仙　贾雪峰　刘　涛

本册编写组

主　审： 牛定柱　姚廷超　刘永宽

主　编： 张云霞　邬　琰　周　静

副主编：（排名不分先后）

单庆益　那凤莲　曹玉婵　张雪梅　陈军军

行为养成习惯

习惯造就性格

性格决定命运

前 言

随着社会经济的不断发展，社会和企事业单位对用人要求也日益提高，而且对人才素质的关注度来说，更看重的是人的品质与素养。因此，德育工作和育人目标也必须与社会需求相适应，传统的德育教育应作出相应的调整和转变。

近年来，我们通过走访、问卷、校企恳谈会等形式调研了多家企业，发现现代社会和企业对用人的标准提出新的要求，除了专业能力以外更提出了——情感、态度和价值观的要求，如责任心、守时负责、诚实正直、能够适应变化、自我学习和自我发展的能力、与人交流和与人合作的精神、良好的职业道德与创新能力等，这表明现代企业更关注学生的职业素养。

针对调研的结果，我们对企业看重的职业素养进行归类，把《三生教育》《职业生涯规划》《职业核心能力》《就业指导》等课程进行整合，同时以党的二十大精神为引领，全面贯彻党的教育方针，落实立德树人根本任务，充分融进社会主义核心价值观的元素，提出培养职业素养解决的思路、达到的目标以及实现目标的路径，具体如下表所示。

职业素养归类及培养目标与思路

<table>
<tr><td rowspan="2">职业素养构成</td><td rowspan="2">企业关注的职业素养</td><td colspan="3">学校培养学生职业素养的目标与思路</td></tr>
<tr><td>认知</td><td>训练</td><td>强化</td></tr>
<tr><td>职业道德</td><td>敬业、诚信</td><td rowspan="4">根据企业用人标准，对学生进行职业素养的认知教育，让学生明白自己应该具备的职业素养，使学生成为“职校人”。</td><td rowspan="4">根据企业用人标准有针对性地对学生的职业素养进行养成训练，使学生成为“准职业人”。</td><td rowspan="4">在学生实习阶段，强化职业素养的培养，让学生提前成为“职业人”。</td></tr>
<tr><td>职业意识</td><td>职业态度、职业心理、角色认知</td></tr>
<tr><td>职业行为</td><td>守时遵规</td></tr>
<tr><td>职业核心能力</td><td>与人交流、与人合作、解决问题、自我学习、自我发展</td></tr>
</table>

有了这样的思路和目标，我们编写了职业素养系列丛书《职业素养养成教育》

（1、2册）和《职业素养实践教育》（1、2册），希望学生通过活动练习，内化为良好的职业素养，成就自己的事业。

本书由牛定柱、姚廷超、刘永宽主审，张云霞策划、统筹。本书第2分册中，单庆益负责编写活动九和活动十二，那凤莲负责编写活动十，张云霞负责编写活动十一，邬琰负责编写活动十三和活动十四，曹玉婵负责编写活动十五，周静负责编写活动十六，张雪梅、陈军军校稿。

在编写过程中，我们参阅了大量的资料文献、走访了许多企业，吸收了近年来职业素养方面的最新研究成果，在此恕不一一列举，谨表示衷心的谢意！

本书的编写采用了全新的思路，没有可供借鉴的框架和模式，加之编写组成员的学术水平有限，所编写的内容难免有不足之处，恳请各位专家批评指正！

目　录

主题活动九　修正和评估职业生涯规划书

活动目标

俗话说："计划赶不上变化。"大学生的职业生涯时间跨度长，使之变化的因素多，有的变化因素可以预测，而有的变化因素难以预测。因此，要使职业生涯规划行之有效，使职业生涯取得成功，就要对自己设计好的职业生涯规划进行定期的管理、评估与修订，从而保证职业生涯规划的可执行性，促使自己的行动永远与目标保持一致。以下主题活动要实现的目标主要有以下几个：

◆ 了解什么是职业生涯评估

◆ 学习并完成职业生涯决策的修订

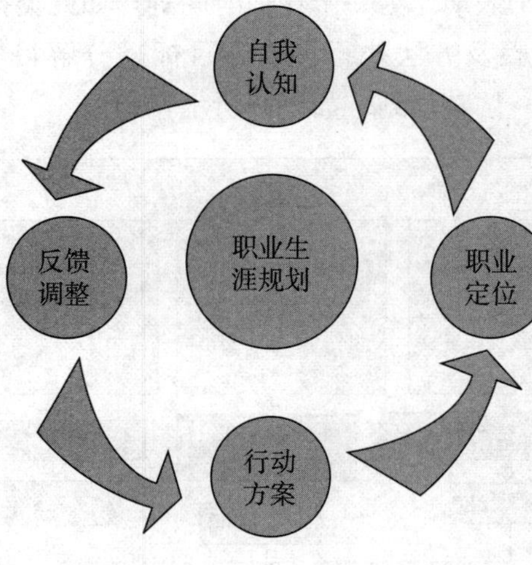

职业生涯评估的学习

一、评估方法

任何人的职业生涯规划都必定是自己设计，自己评估，他人无法代劳。只有通过对日常工作学习的定量和定性的评估，才能促使自己努力奋斗，实现理想。

我们应把评估的结果作为职业生涯规划修正的依据。评估的方法如下：

第一，设定评估计划及其执行实施进展情况的时间表，并确保对照执行。

第二，对目标和计划进行量化，检验和评估。

可参照以下方法执行：

目标设立的指导原则（SMART方法）

- Specific：具体的，明确的，不能含糊不清。
- Measurable：可以量化的，能够明确评估。
- Achievable but challenging：可实现性，同时具有一定挑战性。
- Rewarding：有意义，有价值，积极的，服务于某个大目标。
- Time-bound：有明确时间限制的。

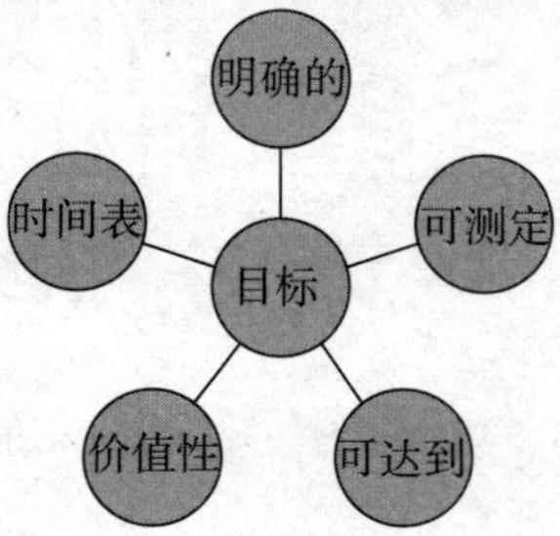

SMART方法应用

- 一个月之内，减肥2千克。
- 一个星期，能够叫出班上所有同学的名字。
- 一天背一篇不少于200词的英语短文，并且能够默写下来。
- 一个学期，至少认识5个师兄师姐，并且保持联络。

第三，制作评估验收工具。

评估验收工具可以是日记簿，也可自制手册，记下目标、任务、验收条件和激励方法，定时将计划实施的验收结果填写上。

二、评估时间

根据目标和任务的大小，完成时间的跨度、目标任务的轻重等各种因素，设定评估的时间，按周、月或按季、学期、年等。如学习成绩可每学期为一个评估时间；社会实践、实习可按月或一个假期作为一个评估时间等，如此类推。

大家可以参照这个步骤及方法执行：明确目标→分解目标→细化任务→限制时间→追踪任务→实施行动→调整计划。如下图所示：

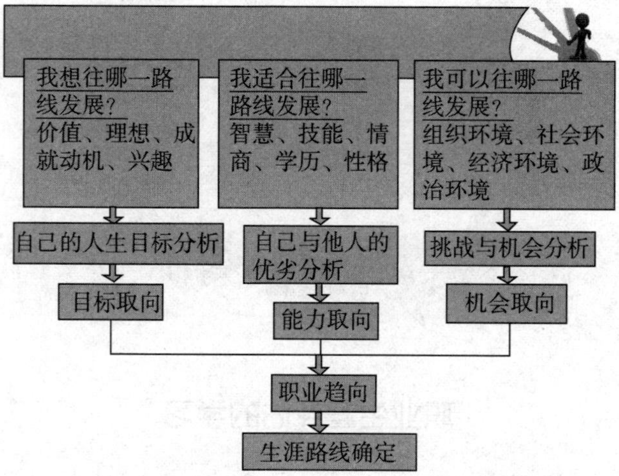

三、评估重点

在对职业生涯规划进行评估的时候，应该结合之前所学的职业生涯规划知识，我们可以从以下几个方面的内容对自己的职业生涯规划进行评估。

1. 评估要有预见性

评估不仅仅是对过去的评估，更重要的是对后来内外环境的评估和预测，做不到这一点，后来所作的职业生涯规划的修正可能会徒劳无功。

2. 评估要有准确性

评估是为了对不足进行改进，对错误进行修正。倘若评估不准确，后果将不堪设想，误导人生，或误入歧途而走向失败。

3. 评估结果处理

（1）如果达到目标，进行自我激励。自我激励措施：为了使自己一直保持较高的学习、工作热情，更好地完成目标管理，从而达到实现目标的效果，在结合外部的各种激励措施之外，采用有效的自我激励措施，会使激励达到最高效用。

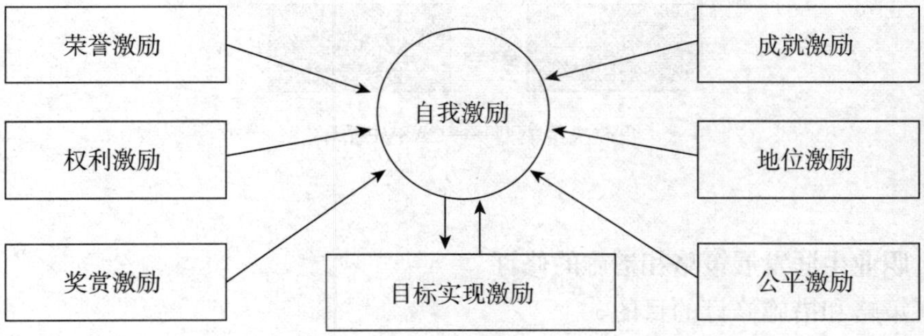

（2）如果达不到目标，进行详细分析，提出改进方法，提高效率，修正目标。

行动

职业生涯决策的修订

在职业生涯决策评估结束以后，就要根据评估结果进行目标和策略方案的修订。修订内容包括职业的重新选择、职业生涯线路的选择、阶段目标的修订、实施措施与行动计划的变更等。在做职业决策修订的时候可按照以下方法执行。

一、职业方向的修订

通过对职业生涯决策评估结果的仔细分析，有的人会发现自己职业生涯发展不顺利的原因是一开始方向就搞错了。方向错误是由于缺乏对内外环境的客观分析，或者缺少对工作的真实体验，或者自己的兴趣爱好发生了变化等原因造成的。方向的正确与否是职业生涯成功的关键，这就要求人们必须重新进行全面的自我认识和评价，重新评估外在环境，从而做出正确的职业选择。

职业选择错误会直接导致职业目标以及职业生涯路径选择的错误。在正确地选择适合自身职业的基础上，我们要对职业目标、职业生涯路径、阶段性目标进行修正。总结前一阶段取得的成绩、经验，保留与修正后的选择相一致的目标，删除一些没有实际意义或者与现在的选择相冲突的目标，并调整限定的时间。

如果从评估结果中发现职业选择是正确的，职业目标的制定也是科学合理的，但是职业发展并不顺利，总是不能很好地实现目标，那么真正的原因很可能是制定的策略和措施出了问题。我们可以从以下的更改决策模型中得到修正的方法。

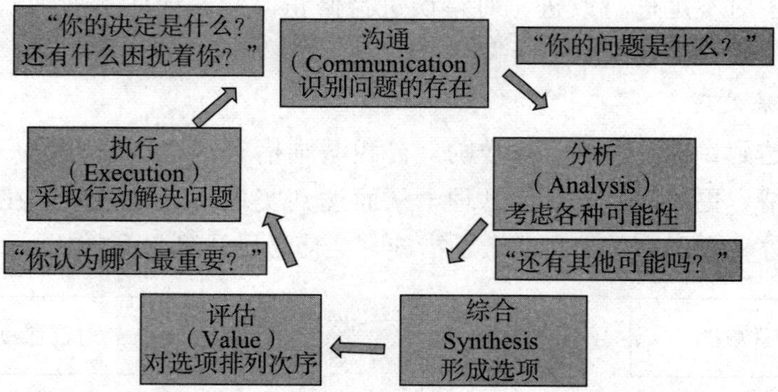

更改决策模型——CASVE循环

二、职业生涯发展策略和措施的修订

（1）策略和措施修订的目的。

我修订的目的是____

____

____

（2）清楚自己的优势是什么，对自己的优势充满信心。

评估分析后我的优势是____

____

____

____

____

____

我的发展的路线是否有变化＿＿＿＿＿＿＿＿＿＿＿＿＿＿＿＿＿＿＿＿＿＿＿＿。

调整后的发展路线是：＿＿＿＿＿＿＿＿＿＿＿＿＿＿＿＿＿＿＿＿＿＿＿＿

调整的内部因素是（目标取向、能力取向）＿＿＿＿＿＿＿＿＿＿＿＿＿＿＿＿

调整的外部因素是（机会取向）

（3）对自己的发展机会有一个清楚的了解，知道自己什么地方还有待改进。

在教育、培训或经验方面我有待改进的是____________________

在个人的资格、技巧和能力方面我有待改进的是________________________

____

____

____

____

____

____

____

____

（4）找出有待改进的关键所在。

我上述改进的关键所在是________________________________

____

____

____

____

____

____

____

____

____

____

____

____

（5）为你的有待改进之处制订详细的计划。

我的详细计划是（可参照前面的理论指导制订计划，并可另单独附页）____________

实施你的行动计划，确保你能取得显著的进步。

三、制定具体措施

在分析了自身实际和目标之间的差距后，人们需要制定一些措施，比如参加技能培训、学习进修、实践锻炼等，这些措施还可以进一步细化，如：该参加什么样的培训班，该选择哪位老师、哪本教材，应该去哪家公司、哪个岗位实习锻炼。这些细化的措施都会影响到目标的实现，都是应该注意的。

我的具体措施是（可参照前面的理论指导制定措施，并可另单独附页）____________

四、保持最佳心理状态

职业生涯发展不顺利也可能是由于心理和行为的不一致造成的。因此，在职业生涯发展的过程中，要善于调节自己的心理，保持最佳状态。

1. 自信

要相信自己的判断和选择，切忌自我怀疑和犹豫不决。

2. 坚持

要持之以恒，不要被外界所干扰，更不要因此而放弃自己的计划。

3. 乐观

要保持积极乐观的情绪。懂得快乐学习、快乐工作的人，才是懂得生活的人，这样的人最有可能获得职业生涯的成功。

修订我的生涯决策

修订前的职业目标：

修订后的职业目标：

修订后的职业生涯路线：

需要达成的阶段目标：

自我评估

通过活动实践，我做到了以下几项（在以下评估等级中打“√”）

序号	自我评估标准	自我评估等级				
		优秀	良好	中等	较差	很差
1	按时参与活动					
2	活动前积极地开展活动做好准备工作					
3	客观地评价自己的职业生涯规划书					
4	阅读同学的职业生涯规划书，发现优缺点					
5	修订后的职业生涯规划书有所提升					
6	活动中能积极地分享					
7	能找到不足，并有切实可行的改进措施					
8	活动结束后，有总结、有进步					
9	参加活动后发现自己的不足，希望以后做得更好，并在以后的日子里加以改正	强烈	较强	一般	很小	不想
10	参加活动后有不同的心得体会，收获情况也不同	很大	较大	一般	较少	没有

职业指导教师评价

评选活动之星了！	
是否为小组活动之星 是（　　）　否（　　）	理由： 职业指导教师签名
是否为班级活动之星 是（　　）　否（　　）	理由： 职业指导教师签名

评定成绩了！

成绩评定	评定标准	备注
优秀（　　）	1. 按照两个行动的要求，完成率达到 95%以上； 2. 是小组活动之星； 3. 是班级活动之星； 4. 按照辅导员的要求完成日常行为规范。	第二和第三之中有其一
良好（　　）	1. 按照两个行动的要求，完成率达到 85%以上； 2. 按照辅导员的要求完成日常行为规范。	
中等（　　）	1. 按照两个行动的要求，完成率达到 75%以上； 2. 按照辅导员的要求完成日常行为规范。	
及格（　　）	1. 按照两个行动的要求，完成率达到 60%以上； 2. 按照辅导员的要求完成日常行为规范。	
不及格（　　）	1. 按照两个行动的要求，完成率未达到 60%； 2. 按照辅导员的要求完成日常行为规范。	

职业指导教师评语

职业指导教师签名：

老师寄语

1. 修身践言，慎终如始，则无败事。
2. 一个选择，决定一条道路。
3. 一条道路，到达一方土地。
4. 一方土地，开始一种生活。
5. 一种生活，形成一个命运。
6. 相信自己，阳光每一天。

主题活动十　认真是对工作的第一态度

古往今来，事业上大凡有所成就者：一是有强烈的事业心和责任感；二是锲而不舍的勤奋和努力。这两条的有机结合，即为敬业精神。认真负责的态度是敬业精神的核心。

美国著名心理学博士艾尔森对世界100名各领域中杰出人士作了一项问卷调查，结果令人惊讶：61%的成功人士承认，他们所从事的职业并非是内心最喜欢的，至少不是心目中最理想的。一个人竟然能够在自己不太理想的领域里，取得那样辉煌的业绩，除了聪颖和勤奋，还有什么呢？

艾尔森博士又走访了多位商界英才，纽约证券公司的苏珊给了他一个满意的答案。苏珊出身于中国台北一个音乐世家，她非常喜欢音乐，却阴差阳错地考进了大学的工商管理系。如今已是美国证券业界的风云人物。艾尔森博士问她："你不喜欢你的专业，为何学得那么棒？不喜欢眼下的工作，为何你又做得那么优秀？"苏珊认真回答："因为我在那个位置上，那里有我应尽的责任，我必须认真对待。不管喜不喜欢，那都是自己必须面对的，都没有理由草草应付，都必须尽心尽力，那是对工作负责，也是对自己负责。"

一名员工究竟能不能完成任务并不在于他有多么杰出的能力，也不在于他有多高的智慧，而在于他是否有认真负责的态度，是否真正对结果负责。

活动目标

◆ 激发敢于承担责任的勇气

◆ 体验工作就意味着责任，真正履行好作为一名员工的义务。切实能把"单位的强弱、企业的兴衰"关联到员工自己的行动中

◆ 培养责任意识，使认真成为一种习惯

◆ 促进个人职业素养的成长，提升敬业精神

行动一

对自己的过错担责

一、活动目的

（1）通过体验，使学生认识到承认错误是需要勇气的。

（2）让学生意识到敢于承认错误是自身敢于承担责任的表现。

（3）反思认真关注细节，听从指挥，协调一致也是负责的态度。

二、活动规则

1. 学生在比较空的场地围成一圈。随机或自愿报名参加游戏，根据场地大小决定人数多少，人数一般在16～20人，也可更多。

2. 学生相隔一臂站成几排（视人数而定）。

3. 主持人发出口令：主持人喊一时，举左手；喊二时，举右手；喊三时，抬左脚；喊四时，抬右脚；喊五时，不动。学生按要求做。主持人和不参加游戏的同学做监督者。

4. 有人出错时，出错的人要走出来站到大家面前先鞠一躬，举起右手高声说："对不起，我错了!"，出错的同学退出，游戏重新开始，以此循环，可根据实际情况选择终止，也可直到最后剩下一个同学。

三、分享活动感受

行动二

对企业的效益负责

一、活动目的

（1）通过体验，使学生认识到团队在实现总体目标时，必须精诚合作，做到每一个环节都能保证执行到位。

（2）反思自己的行为给企业目标带来的影响及后果。

二、活动准备

1. 一个量杯、若干个纸杯；计时员，计时工具；两名裁判员，记录本；礼品（糖果或其他）。

2. 全班同学分成若干小组，代表企业的各部门，但是每一小组的人数应该相同并对小组成员编号。

3. 准备好一个带有刻度的量杯并装一定量的水，记下水的刻度（水的刻度代表企业当年计划要实现的效益目标，比如50ml相当于50万的利润；100ml相当于100万的利润）。

4. 把水的总量等分成班级的小组数（如，100ml就等分成5个小组，每组20ml），代表企业的各部门要完成的任务数。

三、活动细则

1. 每个小组成员按编号顺序排好队后，裁判给每人发放一个纸杯。

2. 裁判首先把20ml的水全部倒入开始做游戏的第一小组的第一名队员纸杯中，之后计时开始。各队把一满杯水由第一名队员传递到最后一名队员（用嘴叼杯），用时最短且水量保有量最多的队获胜（每一名队员必须用口叼住纸杯接水或倒水而不得用手，否则违规，违规就取消小组比赛资格）。

3. 裁判在比赛中不仅监督规则流程，还要记录泼水队员的名单。把最后一名队员杯中的水倒入量杯中，并记录水的刻度，直到最后一组。

4. 裁判宣布小组成绩：

获胜小组：

用时最短的小组：

保持水量最多小组：

保持水量最少小组：

5. 裁判宣布违规队员名单。

四、总结及表彰会议

1. 获胜小组、用时最短小组、保持水量最多小组、保持水量最少小组分别让部门领导（选派一名）做总结发言。

2. 违规队员和泼水队员一一做总结发言。

3. 颁奖（奖品可理解为奖金，规则自定）。

五、作业

如果你是企业的领导，如何对各个小组和违规队员及泼水队员做出奖惩并阐述理由：

自我评估

通过活动实践，我做到了以下几项（在以下评估等级中打上“√”）

序号	自我评估标准	自我评估等级				
		优秀	良好	中等	较差	很差
1	我在活动中主动交流的表现					
2	为了团队利益宁可牺牲自己的利益					
3	能够倾听队友们的意见					
4	能够主动帮助某方面较弱的同学					
5	服从领队的统一安排					
6	愿意为了团队利益出谋划策，贡献自己的智慧					
7	愿意融入集体，和同学们和睦相处					
8	在团队训练中出现错误后能够及时改正					
9	同学们指出自己的错误后愿意接受同学们的批评					
10	参加活动后发现自己的不足，希望以后做得更好，并在以后的日子里加以改正	强烈	较强	一般	很小	不想
11	参加活动后有不同的心得体会，收获情况也不同	很大	较大	一般	较少	没有

收获感言：

职业指导教师评价

评选活动之星了！	
是否为小组活动之星 是（　　）　否（　　）	理由： 职业指导教师签名
是否为班级活动之星 是（　　）　否（　　）	理由： 职业指导教师签名

评定成绩了！

成绩评定	评定标准	备注
优秀（　　）	1. 按照拓展训练的要求，参加并完成了所有项目； 2. 是小组活动之星； 3. 是班级活动之星； 4. 按照辅导员的要求完成了日常行为规范。	第二和第三之中有其一
良好（　　）	1. 按照拓展训练的要求，参加并完成了所有的项目； 2. 按照辅导员的要求完成了日常行为规范。	
中等（　　）	1. 按照拓展训练的要求，参加并完成了 95%的项目； 2. 按照辅导员的要求完成了日常行为规范。	
及格（　　）	1. 按照拓展训练的要求，参加并完成了 90%的项目； 2. 按照辅导员的要求完成了日常行为规范。	
不及格（　　）	1. 按照拓展训练的要求，参加并完成了 90%以下的项目； 2. 按照辅导员的要求完成了日常行为规范。	

职业指导教师评语

职业指导教师签名：

老师寄语

1. 锲而不舍，金石可镂。——《荀子·劝学》

2. 不敬业就失业，不爱岗就下岗。——企业标语

3. 如果你能力一般，敬业让你走向成功；如果你十分优秀，敬业让你更辉煌。——企业标语

4. 最终你相信什么就能成为什么。因为世界上最可怕的二个词，一个叫执着，一个叫认真，认真的人改变自己，执着的人改变命运。——江南春

5. 业精于勤，荒于嬉；行成于思，毁于随。——韩愈

6. 投入才会深入，付出才会杰出。——企业标语

主题活动十一　诚信是走向职场的通行证

诚信不仅是一种品行，更是一种责任；不仅是一种道义，更是一种准则；不仅是一种声誉，更是一种资源。就个人而言，诚信是高尚的人格力量；就企业而言，诚信是宝贵的无形资产；就社会而言，诚信是正常生产生活的秩序；就国家而言，诚信是良好的国际形象。

活动目标

以诚信教育为主题的活动意在使同学们认识到诚信的重要性和培养同学们诚信的意识，并初步学会将诚信融入日常生活中的每一件小事，真正做到诚实守信。

让每位同学认识到诚信对于人生的重要性，诚信是做人的一种品质，是职业道德的根本，是个人成就事业的根基。要培养诚信的良好道德品质，就要从身边的每一件小事做起。作为当代大学生，我们应该做到诚实、诚恳、实事求是、重信用、守承诺，做一个“一诺千金”的人。

通过参加诚实守信主题活动，做到：

◆ 以真诚的言行对待他人、关心他人，对他人富有同情心，乐于助人

◆ 培养学生守时、守信、有责任心，承诺的事情一定要做到，言必信、行必果

◆ 严格要求自己，言行一致，不说谎话

◆ 遇到失误，勇于承担应有的责任，知错就改

◆ 作业和考试求真实，不抄袭、不作弊

◆ 遵守法律法规、校规校纪和社会公德，具备良好的道德品质

行动

诚实守信活动

活动一：分享诚实守信、说谎失信行为带给自己的好处和坏处

1. 活动安排：以班级为单位，辅导员按班级人数进行分组，每组不超过 8 人，同学们一起讨论身边出现的诚实守信行为和说谎失信行为，分析这些可能带来的后果。

2. 时间：__________

3. 地点：__________

4. 讨论：__________

5. 本人结论：__________

____

____

与同学们分享一个不诚实行为带给自己的伤害的小故事。

2002年2月，美国一所中学28名学生在完成一项生物课集体作业时，从互联网上抄袭了一些现成的材料，被任课女教师发现，判28名学生生物课得零分。他们还将面临留级的危险。在一些学生家长的抱怨和反对下，学校要求女教师提高学生的分数，女教师愤然辞职，学校有近一半的老师表示，如果学校要求老师改分数，他们也将辞职。教师们认为：教育学生成为诚实的公民比通过一门生物课的考试更为重要。社会上一些公司也要求学校公布这28名学生的名单，以确保公司永远不录用这些不诚实的学生。

与同学们分享一个诚实行为带给自己的好处的小故事。

故事主人公是一家证券公司的创业者小池，当年他替一家机器公司当推销员，半月内与33名顾客签订了合约。后来，他发现他卖的机器比其他公司产品的价格略贵。他想客户知道了，一定会后悔向他购买产品。于是他带了合约和订金，向每一名客户说明，请客户重新考虑合约，他诚实的做法令客户非常感动，没有一人废除合约，反而加深了对小池的信任，纷纷与他订货。不久，他便创立了自己的公司。

活动二：观看视频《百家讲坛——诚信之道》

1. 活动安排：以班级为单位，辅导员安排好时间和地点，从网络上下载《百家讲坛——诚信之道》视频，并播放观看之。

内容提示：孔子认为，诚信是做人的基本原则。诚信不仅是儒家理论的重要内容，也是中华民族的传统美德。诚信是安身立命的基石，只有做到以诚待人，言而有信，才会赢得别人的尊重和认可。因此，在中华民族博大精深的文化传统中，诚信的人也一直被世人称赞。但是，在现代社会中，确实存在背信弃义、学生考试作弊、抄袭作业、商人以假乱真、说谎造假等现象，难道讲求诚信的价值已经过时了吗？面对社会上种种物质利益的诱惑，我们该怎么做才能坚守诚信？

2. 时间：______________________________

3. 地点：______________________________

4. 观后感：______________________________

活动三：编排以《考试》为题材的情景剧

1. 活动安排：以班级为单位，辅导员按班级人数进行分组，每组不超过 8 人，每组的同学们一起积极讨论，编排以考试为题材的情景剧。

要求：

◆ 每一位同学都要求参与到情景剧的编排或表演中，可扮演老师、学生、学校领导等，激发自己的创作能力和表演能力；

◆ 编排的情景剧，围绕着考试中出现的诚实守规行为和作弊抄袭行为进行编排，剧情落脚在后果的不同之处上；

◆ 编排结束后，班级的每个小组要进行展演，由辅导员点评并评选出优秀情景剧，并给予奖励。

2. 各组展演时间：__________

3. 各组展演地点：__________

4. 各组展演结果：____

____

5. 感悟：____

____

____

____

自我评估

通过活动实践，我做到了以下几项（在以下评估等级中打上“√”）

序号	自我评估标准	自我评估等级				
		优秀	良好	中等	较差	很差
1	通过活动我能够辨别什么是诚实守信的行为？什么是说谎失信行为？					
2	能够诚实地说出自己身边的诚实守信的行为和说谎失信的行为					
3	能够认真观看《百家讲坛——诚信之道》，并认真填写自己的观后感					
4	能够主动、积极参与到情景剧的创作中					
5	能够主动、积极参与到情景剧的表演中					
6	通过三个活动的参与，我体会到考试作弊、抄袭作业、说谎失信等是可耻的行为					
7	通过三个活动的参与，我明白了诚实守信是走向职场的通行证这句话的含义					
8	同学们指出自己在诚实守信方面的问题时我愿意接受同学们的批评					
9	参加活动后发现自己的不足，希望以后做得更好，并在以后的日子里加以改正	强烈	较强	一般	很小	不想
10	参加活动后有不同的心得体会，收获情况也不同	很大	较大	一般	较少	没有

收获感言：

职业指导教师评价

评选活动之星了！

是否为小组活动之星 是（　　）　否（　　）	理由： 职业指导教师签名
是否为班级活动之星 是（　　）　否（　　）	理由： 职业指导教师签名

评定成绩了！

成绩评定	评定标准	备注
优秀（　　）	1. 按照三个活动的要求，参加并完成了所有项目； 2. 是小组活动之星； 3. 是班级活动之星； 4. 按照辅导员的要求完成了日常行为规范。	第二和第三之中有其一
良好（　　）	1. 按照三个活动的要求，参加并完成了所有的项目； 2. 按照辅导员的要求完成了日常行为规范。	
中等（　　）	1. 按照三个活动的要求，参加并完成了 95%的项目； 2. 按照辅导员的要求完成了日常行为规范。	
及格（　　）	1. 按照三个活动的要求，参加并完成了 90%的项目； 2. 按照辅导员的要求完成了日常行为规范。	
不及格（　　）	1. 按照三个活动的要求，参加并完成了 90%以下的项目； 2. 按照辅导员的要求完成了日常行为规范。	

职业指导教师评语

职业指导教师签名：

老师寄语

1. 人而无信，不知其可也。 ——孔子

2. 人背信则名不达。 ——刘向

3. 言必信，行必果。 ——《论语·子路》

4. 工作上的信用是最好的财富。没有信用积累的青年，非成为失败者不可。 ——池田大作

5. 内不欺己，外不欺人。 ——弘一大师

6. 意志薄弱的人，一定不会诚实。 ——拉罗什夫利

7. 人之所助者，信也。 ——《周易》

8. 祸莫大于无信。 ——傅玄

9. 真话说一半常是弥天大谎。 ——富兰克林

主题活动十二　大学生就业权益及法律保障

活动目标

就业是民生之本，也是安国之策，大学生就业已成为全社会高度关注和亟待妥善解决的问题。随着就业形势的日益严峻，大学生就业的竞争日趋激烈，导致部分大学生在就业过程中合法权益被侵害的现象越来越严重，影响了社会的和谐与稳定，增强大学生就业自我权益的保护显得尤为必要。

◆ 了解与就业相关的法律法规，树立就业权利意识

◆ 了解权益的内涵、特点和基本内容，防范就业陷阱

◆ 正确处理和用人单位的各种纠纷，能使用法律武器维护自身合法权益

◆ 明确自己所享有的权利。更好地维护自己的权利不受侵害

行动一

你认为大学生就业过程中招聘信息获取渠道有哪些？（要求：写出至少 5 种途径，按信息获取量的多少排序。）

____

____

一、毕业生主要享有以下几方面的权利

(一) 获取信息权

（1）信息公开。

（2）信息及时。

（3）信息全面。

（二）接受就业指导权

我国《高等教育法》规定：高等学校应当为毕业生、结业生提供就业指导和服务。

（三）被推荐权

学校推荐往往会在较大程度上影响用人单位对毕业生的取舍，毕业生在就业中有权得到学校的如实推荐。高校在就业工作中的一个重要职责就是向用人单位推荐毕业生。毕业生享有的被推荐权应包含这样几方面内容：如实推荐、公正推荐、择优推荐。

（四）自主择业权

《中华人民共和国劳动法》规定，劳动者享有选择职业的权利。因此，作为求职方的毕业生（委培生、定向生除外），在就业市场上享有自主选择职业的绝对权利，可以按照自己的兴趣爱好和能力去选择自己将要从事的职业。家长、学校和用人单位可以为初出校门、缺乏工作经验的毕业生提供择业意向方面的建议、参考、推荐和引导，但不能强迫或限制他们选择职业。

（五）平等就业权

毕业生享有平等就业的权利。我国《劳动法》规定，劳动者享有平等就业和选择职业的权利，劳动者就业不因民族、种族、性别、宗教信仰不同而受到歧视。

（六）知情权

毕业生有全面获悉用人单位信息，了解用人单位的工作环境、福利待遇、发展前景等情况的权利。毕业生有全面获悉用人单位信息、了解用人单位的工作环境、福利待遇、发展前景等情况的权利。用人单位有义务向毕业生和学校如实介绍本单位的真实情况。任何发布虚假招聘信息、对毕业生隐瞒本单位实际情况的做法，都是对毕业生就业权利的漠视和侵犯。

（七）违约求偿权

毕业生的就业协议一经签订，毕业生、用人单位、学校任何一方不得擅自毁约，都应严格履行。毕业生的就业协议一经签订，毕业生、用人单位、学校任何一方不得擅自毁约，都应严格履行。任何一方提出变更或解除协议，均须得到另外两方的同意，并应承担违约责任。任何一方提出变更或解除协议，均须得到另外两方的同意，并应承担违约责任。如用人一方违约，毕业生有权要求用人单位承担违约责任，支付违约补偿。

行动二

请结合上述内容，小组自设情景开展相关活动，讨论应该如何维护自身的合法就业权益？

____

____

____。

二、大学生就业权益的相关法律规定

国家关于工作、劳动、就业等方面的相关法律、法规比较多，主要的有《中华人民共和国劳动法》《中华人民共和国劳动合同法》《中华人民共和国公务员法》等。

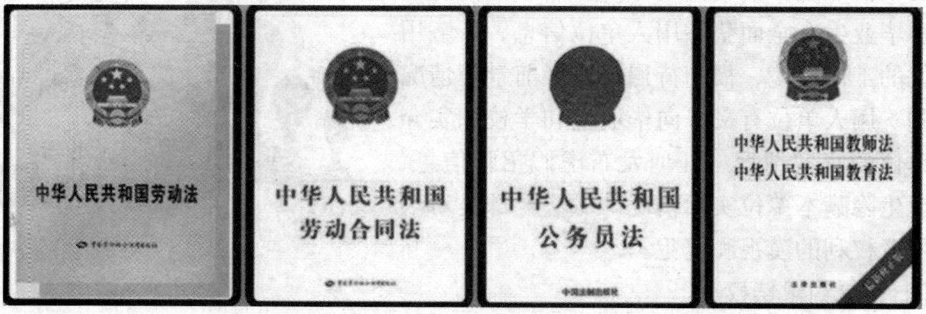

另外，关于《普通高等学校毕业生就业协议书》与劳动合同的相关内容可详见主题活动七的部分。

行动三

作为当代大学生，在求职就业过程中需要对相关法律规定作必要的了解吗？小组展开讨论。

我的收获是：____

____

____

____。

(一) 违约的含义

国家基于维护广大毕业生的利益，要求用人单位维护毕业生就业协议的严肃性，就业协议一经签订，用人单位不得拒收毕业生；毕业生也不得随意更换单位，否则都属于违约行为。

(二) 违约处理

违约，一方面，是用人单位单方面违约；另一方面，可能是毕业生因为种种原因造成的违约。但任何情况下其中一方提出违约的，都须经另两方同意后才能办理，并要承担违约责任。另外，毕业生还须履行以下手续：

(1) 要征得原用人单位同意，并出示原单位向学校开具的退函，将因此造成的对学校的不良影响减少到最小。

(2) 违约调整要符合国家就业政策导向。

(3) 学校审核同意毕业生个人违约后，毕业生提供新单位的接收函，重新办理相关手续。

(三) 劳动争议的解决

(1) 协商。

(2) 调解。

(3) 仲裁。

(4) 诉讼。

(四) 社会保险

社会保险是由国家通过立法，多渠道筹集资金，对劳动者在因年老、失业、生病、工伤、生育而减少劳动收入时给予的经济补偿，使他们能享有基本生活保障的一项社会保障制度。社会保险主要包括养老保险、失业保险、医疗保险、工伤保险和生育保险等，具有强制性。

行动四

请结合现实问题或实例，就社会保险的重要性做讨论。

我的收获是：____

____

____。

“三险一金”指的是：____

____。

“五险一金”指的是：____

____。

三、大学生如何防范就业陷阱

毕业生在就业过程中，会遇到各种竞争和挑战，同时也存在一些用人单位在招聘和用人的过程中不够规范，甚至存在一些违法行为。毕业生在求职过程中可能会遇到一些陷阱，只有善于发现和懂得如何应对这些陷阱，才能确保毕业生的权益不受损害。

常见的就业陷阱有：虚假广告陷阱、色情陷阱、传销陷阱、协议陷阱、收费陷阱、试用期陷阱、智力陷阱、薪酬陷阱等。大致可参见下图：

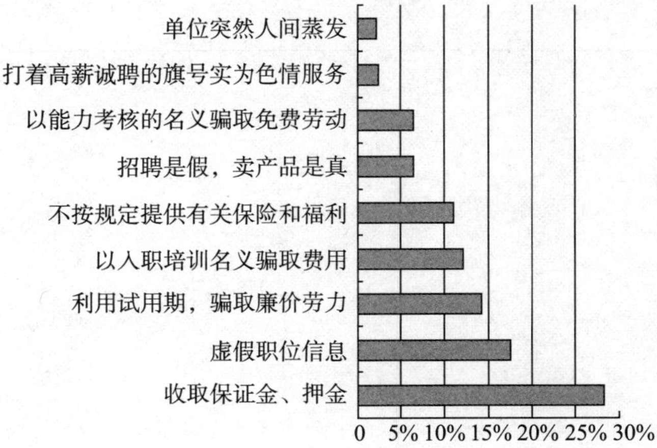

行动五

请结合上述常见的就业陷阱各列举一实例，并小组讨论分享如何应对。

我的收获是：____

____

____

____

____

。

自我评估

通过活动实践，我做到了以下几项（在以下评估等级中打上“√”）

序号	自我评估标准	自我评估等级				
		优秀	良好	中等	较差	很差
1	我在活动中主动交流的表现					
2	能积极主动查阅相关资料，认真学习总结					
3	能够积极主动与周围同学交流学习					
4	能够主动帮助周围同学树立就业权益及法律保障意识					
5	能够积极参与活动的组织、执行					
6	能在活动中积极发言，有鲜明的观点或见解					
7	观点或见解能够引起周围同学的共鸣					
8	能在活动结束后，持续学习总结					
9	同学们指出自己的错误后愿意接受同学们的批评					
10	参加活动后发现自己的不足，希望以后做得更好，并在以后的学习中继续努力	强烈	较强	一般	很小	不想
11	参加活动后有不同的心得体会，收获情况也不同	很大	较大	一般	较少	没有

收获感言：

职业指导教师评价

<table>
<tr><td colspan="3">评选活动之星了！</td></tr>
<tr><td>是否为小组活动之星
是（　　）　否（　　）</td><td colspan="2">理由：

职业指导教师签名</td></tr>
<tr><td>是否为班级活动之星
是（　　）　否（　　）</td><td colspan="2">理由：

职业指导教师签名</td></tr>
<tr><td colspan="3">评定成绩了！</td></tr>
<tr><td>成绩评定</td><td>评定标准</td><td>备注</td></tr>
<tr><td>优秀（　　）</td><td>1. 按照活动的要求，参加并完成了所有项目；
2. 是小组活动之星；
3. 是班级活动之星；
4. 按照辅导员的要求完成了日常学习内容。</td><td>第二和第三之中有其一</td></tr>
<tr><td>良好（　　）</td><td>1. 按照要求，参加并完成了所有的项目；
2. 按照辅导员的要求完成了日常学习内容。</td><td></td></tr>
<tr><td>中等（　　）</td><td>按照要求，参加并完成了95%的学习内容。</td><td></td></tr>
<tr><td>及格（　　）</td><td>按照要求，参加并完成了90%的学习内容。</td><td></td></tr>
<tr><td>不及格（　　）</td><td>按照要求，参加并完成了90%以下的学习内容。</td><td></td></tr>
<tr><td colspan="3">职业指导教师评语</td></tr>
<tr><td colspan="3">

职业指导教师签名：</td></tr>
</table>

老师寄语

1. 法律的基础有两个，而且只有两个，公平和实用。——伯克
2. 权利，就它的本性而言，只在于使用同一尺度。——马克思
3. 为权利而斗争是权利人对自己的义务。——耶林
4. 伟大人格的素质，重要的是一个诚字。——鲁迅
5. 没有义务的地方，就没有权利。——洛克
6. 人生三大陷阱：大意、轻信、贪婪。——无名
7. 只有傻瓜才会第二次跌进同一个池塘。——土耳其

主题活动十三　打造我的求职名片

要找工作了，看到一份心仪的工作正在招聘人手，你很想去试一下；或面对即将开始的校园招聘会，如何使招聘方快速认识你？得有一张出色的“名片”——求职简历，秀出你的才华。

求职实况

请亲戚朋友介绍工作，他们是单位领导、公司老板或是老员工，向你要个人简历，你有吗？

很多毕业生在网上查询到许多招聘信息，例如人才市场网、58同城网、赶集网、前程无忧网等。需要网上投简历，你有吗？

教育厅、人才市场中心、高校每年都会举行招聘会，到时有各种各样的企业单位参加招聘。要带上你的简历，你有吗？

直接找公司应聘，同样需要简历。

报考公务员、事业单位或参与基层就业项目，可能要递交针对性较高的简历，你准备了吗？

现实情况是，很多同学都没有简历，或没有制作成功的简历。

求职简历，是找工作最开始的竞争，因为到任何一个单位应聘，要做的第一件事就是投递简历，而简历就是那些单位了解你的第一扇窗口；是获得面试的机会；是获取工作机会的敲门砖；是你必须做好的一项求职准备。

行动

我通过阅读书籍、课内外学习和网站查询，选择了一个具有我个人风格的简历表达方式，完成了我的简历草稿。

我将这份简历草稿给最了解我的同学看，请他对其作出五项检查，并写一个评语：

检查问题一：____

检查问题二：____

检查问题三：____

检查问题四：____

检查问题五：____

他的评语：____

____

____。

我和他进行讨论后，将简历做了修改，并将修改好的简历交给老师，老师给出的评语是：____

____

____。

老师对简历评定的成绩：________________________________。

活动目标

制作一份吸引用人单位的求职简历。求职简历包含求职信和个人简历两个重要内容，你写的简历中包含了求职信和个人简历两种材料了吗？

撰写一份求职信

求职信在形式上应注意的问题：

（1）不要太冗长，一般不要超过一页纸。通常用 5 号字体 1.5 倍行距比较合适，核心内容占据 A4 纸的 50%～60%版面即可。

（2）实事求是，重点介绍自己完全符合对方职位的几个方面，每一个方面自成一段。

（3）不要不分层次，每一段最好不要超过 5 行。

（4）写作有一定的自由度，但务必突出重点，文字顺畅，注意展现才艺与专长的个体特征、经验和业绩，讲求庄重秀美，使其像一只报春的燕子，为你带来佳音。

下面是求职信在内容上的实例详解，请看一个成功的求职信案例。

求职信

尊敬的人力资源部经理：

您好！

我是××职业技术学院即将毕业的一名学生，非常高兴通过我院就业指导服务中心得知中国移动的招聘信息，特别是看到云南分公司的招聘岗位，如果能加入中国移动并获得“营销”岗位，对我这个喜爱中国移动、热爱家乡的人来说是绝妙的。

（点评：首先要告诉对方自己如何得知招聘信息，同时表达了自己的热诚。）

但是您一定有疑虑，因为我这个学森林资源保护的人却想应聘市场营销职位！关于这个问题我想进行以下说明：

（1）在专业知识上我不逊于市场营销专业。我在专业之外学习了市场营销的一系列课程，还选修过心理学方面的课程，正如移动所说“沟通从心开始”，把握消费者心理对于营销策划更为重要。另外，我广泛阅读了从《定位》到《忠诚的市场价值》等众多营销论著。

（2）市场营销中许多具有艺术性、技巧性和因地制宜的东西，都不是从书上能学到的。大卫·奥格威在成为广告教父之前是一个被牛津退学的郁闷厨子；策划狂人史玉柱也不过是整天计算数学方程式的学生。在这点上，我已经证明了我的天赋，我的营销案例分析是全院最高分 95 分，而且从简历中您能够看到，我曾经成功地参与过企业的策划活动。

（点评：第二部分把自己最大的优点呈现出来，既然是校园招聘，最有力的说服力就是自己的学分，而且是比别的同学都高的学分。从专业不对口的分析角度，可以说明其知识结构和那些专业对口的学生相比毫不逊色，也说明了他的学习能力更强。）

在云南移动的业务当中，我很喜欢 12580 移动秘书服务，我觉得这是一个设计得非常好的增值服务，工作人士以及像我们这样正在找工作的大学生就非常需要此项服务。最关键的问题是如何推广给顾客！假如我有幸加入中国移动，我会采取以下的方法进行推广：

（1）在大学校园设立咨询台进行推广。我们可以联系学校的就业指导中心，强调我们这项服务可以帮助大学生不错过任何一家企业的面试通知，那么学校很可能免费提供场地让我们做宣传。

（2）免费、免操作，为顾客提供半个月的 12580 的移动秘书服务。所谓免操作，是指顾客不需要自己打 10086 开通，也不需要设立密码，一切都和短信一样，是自行开通的！顾客对于任何一项服务都是非常怕麻烦的，所以我们要把服务做到零麻烦！当顾客已经习惯这项服务时，我们就可以要求顾客打电话开通此项业务了！

（点评：第三部分以模拟工作的方式展现自己对该职位的理解，尽管方案未必行得通，但是充分地展示了对中国移动的关注和热诚。）

当然，目前在移动业务这方面，我完全是门外汉，您可能会对我的幼稚哑然失笑，不过，我只是想让您了解我对通信业务的热情和喜爱！同时我相信自己能够为中国移动的壮大添砖加瓦，和全球通的广告词一样，“我能！”

感谢您的阅读，衷心期待您的回复。同时祝愿您身体健康，一切顺意！

（点评：最后再次表示出热诚，以祝福对方的形式收尾，很好！）

求职人：王骏

2018 年 4 月 20 日

以下是不成功的求职信案例。

求职信

尊敬的女士/先生：

您好！

我是一名即将从××大学毕业的学生。我很荣幸向您呈上我的个人资料，谨向您做一下自我推荐。

（点评：除非申请大型国有企业，否则应尽量避免使用“领导”之类的称呼，直接称呼对方“您”是更好的选择。）

在3年的学习生活中，我所学习的除了森林植物、植物引种栽培、植物资源调查技术、植物病虫害识别与防治、森林防火等许多专业知识外，还进行了各种相关的实践和学习，具备一定的实际操作能力和技术。同时，养成了冷静自信的性格和踏实严谨的工作作风，这些都赋予我参加社会竞争的勇气。

（点评：这一段根本没有展示自己的优点。）

我正处于人生中精力充沛的时期，我渴望在更广阔的空间里展露自己的才能。我不满足现有的知识水平，期望在实践中得到锻炼和提高，因此我希望加入你们单位，我会踏踏实实地做好属于自己的工作，竭尽全力在工作中取得好的成绩。我相信经过自己的勤奋和努力，一定会作出贡献。

（点评：这种“将来我会如何如何”的誓言是很苍白的，用人单位希望招聘到“过去就很优秀的”求职者，因为过去优秀的人很可能在将来继续保持优秀！所以不论是求职信还是简历，都应该以“过去时”进行描述，而不是“将来时”。）

请给我一个机会，我将尽我所能！

求职人：谢晖

2018年5月1日

学习了求职信在形式和内容上的要求之后，我结合自己所学专业在这里写出我的求职信。

求职信

××××：

您好！

求职人：

年 月 日

小组讨论、评议求职信

1. 分小组，请同学将自己的求职信读一读，选出代表，在全班读，其他组同学做出评价。我将评价记录在此：____
____
____
____。

2. 课后，选择2名同学或老师提出评审意见，填入下表。

我的《求职信》评审意见表

请A同学（老师）写出批改意见（请不要谈客气话，要写出具体好在哪儿，问题是什么，如何修改） 肯定评价： ____ ____ 主要问题： ____ ____ 修改建议： ____ ____ 评审人签名： 年　月　日 请B同学（老师）写出评议意见（请不要重复A同学的评价，只提补充意见） 肯定评价： ____ ____ 主要问题： ____ ____ 修改建议： ____ ____ 评审人签名： 年　月　日

制作个人简历

个人简历是自己实力的体现，而不是写出来的，没有实际的成就，无法制作出出色的简历。总结“我的简历”草稿，是否吸引用人单位？是否具备竞争实力？如果不具备，我今后如何通过行动去完成这个简历？

思考与实践

个人简历设计框架：

（一）我的简历分几个部分？各部分的安排顺序是：________________________________

____

____。

（二）我的简历重点是什么？我是这样突出重点内容的：____________________________

____

____。

（三）为了完成我的简历，我计划做以下准备工作：________________________________

____

____。

（四）在简历制作上我突出的特色：____

____

____。

（五）我准备如何发送简历：______________________________。

知识准备

简历基本要素

求职意向：包括公司名称、岗位目标。

个人基本情况：重点是姓名、性别、出生地、家庭住址、毕业学校、所学专业、需要时还可包括政治面貌、身高、体重、体检结果、父母状况（年龄、职业）。

学历与技能：包括毕业文凭、所学课程、英语和计算机等级，重点是与求职岗位相关的职业资格证书、获奖证书和其他个人特长的证明和实例。

实践经历：包括在校兼职、假期社会实践，重点是与求职岗位相关的典型课外活动、实习经历及成效、实训项目及成效。充分表现你与所求职位相关的实践能力的事实。

简历检查要点

行为理念：我的简历对招聘方有没有价值？是否吸引招聘方？是否明确了求职意向？求职岗位与我的专业是否相关？

检查是否突出了与求职岗位相关的能力或技能的事实描述，而不是空说自己有多强的能力。

检查我的简历有无语法错误，有无错别字。

检查与招聘岗位无关的信息是否太多，简历是否太长或太短。

检查这份简历从内容到版式设计是否吸引人，字体是否过大或过小。

简历发送途径

在网络上发送简历到用人单位或公共招聘网站；

到用人单位直接递送给相关部门或人事部门主管；

在招聘会上直接投递简历；

把简历送给能帮忙的亲朋好友。

思考与实践

为了在毕业时能写一份好简历，避免对学习成绩、实践经历和技能成果的材料拿不出手，我决心给自己确定一个每学期取得 2 项以上成就的目标计划，保证毕业前有足够的学习及考试成果、实践经历和技能成果，做好长期积累，因此，我将随时填写我的《个人学习和实践成果备忘录》。

个人学习和实践成果备忘录

学期	年　月　日	实践活动类别	成果名称和等级	颁发部门	备注
第　学期					
第　学期					
第　学期					
第　学期					
第　学期					

自己动手制作一份完整的求职简历

假如我是一名森林资源保护专业的应届毕业生，准备应聘一家大型企业的植物病虫害防治员职位，该职位要求如下：

（1）能负责公司生产基地苗木的病虫害防治。

（2）森林资源保护、林业技术专业或相关专业专科以上学历。

（3）踏实稳重、吃苦耐劳、能承受高强度的工作压力，能按时高质量完成公司交予的任务。

针对该公司的以上要求，我将准备如下的求职信和简历，既能突出自己的优势，又能弥补自己缺乏实践工作经验的缺陷。（自己另附纸张材料完成）

自我评估

通过活动实践，我做到了以下几项（在以下评估等级中打“√”）

序号	自我评估标准	自我评估等级				
		优秀	良好	中等	较差	很差
1	按时参与活动					
2	活动前积极地开展活动做好准备工作					
3	掌握制作求职简历的框架设计					
4	网络搜索优秀简历					
5	点评同学简历，发现优缺点					
6	活动中能积极地分享					
7	能找到不足，并有切实可行的改进措施					
8	活动结束后，有总结、有进步					
9	参加活动后发现自己的不足，希望以后做得更好，并在以后的日子里加以改正	强烈	较强	一般	很小	不想
10	参加活动后有不同的心得体会，收获情况也不同	很大	较大	一般	较少	没有

职业指导教师评价

<table>
<tr><td colspan="3">评选活动之星了！</td></tr>
<tr><td>是否为小组活动之星
是（　）　否（　）</td><td colspan="2">理由：

职业指导教师签名</td></tr>
<tr><td>是否为班级活动之星
是（　）　否（　）</td><td colspan="2">理由：

职业指导教师签名</td></tr>
<tr><td colspan="3">评定成绩了！</td></tr>
<tr><td>成绩评定</td><td>评定标准</td><td>备注</td></tr>
<tr><td>优秀（　）</td><td>1. 求职简历结构、内容全面，包括求职信和个人简历；
2. 简洁且突出重点，呈现事实，排版设计精美；
3. 是小组活动之星；
4. 是班级活动之星。</td><td></td></tr>
<tr><td>良好（　）</td><td>1. 求职简历结构、内容全面，包括求职信和个人简历；
2. 积极主动参与活动。</td><td></td></tr>
<tr><td>中等（　）</td><td>1. 求职简历包括求职信和个人简历，内容完整；
2. 会思考制作符合自己特点的简历。</td><td></td></tr>
<tr><td>及格（　）</td><td>1. 求职简历包括求职信和个人简历，格式和内容简单；
2. 基本完成活动任务。</td><td></td></tr>
<tr><td>不及格（　）</td><td>1. 求职简历结构、内容不完整；
2. 缺乏积极主动性。</td><td></td></tr>
<tr><td colspan="3">职业指导教师评语</td></tr>
<tr><td colspan="3">

职业指导教师签名：</td></tr>
</table>

老师寄语

1. 只会在水泥地上走路的人，永远不会留下深深的脚印。

2. 树苗如果因为怕痛而拒绝修剪，那就永远不会成材。

3. 再长的路，一步步也能走完，再短的路，不迈开双脚也无法到达。

4. 自己打败自己是最可悲的失败，自己战胜自己是最可贵的胜利。

5. 只有在人群中间，才能认识自己。

主题活动十四　轻松应对面试

面试是一种经过组织者精心设计，在特定场景下，以考官对考生的面对面交谈与观察为主要手段，由表及里测评考生的知识、能力、经验等有关素质的考试活动。经过简历投递、招聘方筛选审核后，如让你获得了面试的机会，你需掌握面试技巧和形象包装与礼仪，才能轻松应对面试。

案例

功亏一篑

周兴参加了一家大型企业的应聘，经过前两轮的面试选拔，一千多个竞争者现在只剩下了10人，而该公司只取前5名。虽然筛选后的人个个都实力雄厚，但周兴依然满怀信心，因为不论是学业成绩还是工作经验，他在这些竞争者中都是相当出色的。

他胸有成竹地敲开了面试老总的办公室。很有礼貌地跟老总打了个招呼，然后把手套放在门边的柜子上，微笑着走了过去。坐定，面试开始。对老总的提问，他对答如流，老总也连连点头。一切进展得相当顺利，老总说：“小伙子，希望你早日了解公司的情况，尽快投入工作。明天他们会给你正式的录用通知。”说完，老总送他走出了房间。成功了，他抑制不住内心的喜悦，想象着明天拿到录用通知的样子。可是，刚走出公司，他忽然意识到手套忘在老总的办公室里了，这该怎么办？经过反复的思想斗争，他还是回去敲响了老总办公室的门。老总正在面试后面的人，给他送手套出来时，他的脸色有些阴沉。

第二天，他没有接到录用通知。他不死心，打电话问老总。老总说：“小伙子，你的确很优秀，电子专业课程学得很好，而且还实际搞过些设计，一开始我就选定了你。

但你却是个丢三落四的人，我们要招的人将从事电子电路的设计工作，现在各企业之间竞争激烈，出不得半点差错。以前我们的一个设计师就因为粗心，差点断送了整个公司的前程……”

读了这个案例，我受到的启示是：____。

行动

掌握面试技巧

我发现有的师兄师姐学习成绩优秀、社团活动活跃、手中还有不少各类证书，但到了面试的“节骨眼”，却没有了竞争力，这是为什么？

明白面试测评的要素

面试测评的要素

1. 观察与分析能力。
2. 说服能力。
3. 概括归纳能力。
4. 团体协作能力。
5. 人际交往能力。
6. 应变能力。
7. 举止仪表。
8. 情绪控制能力。

一个人想拥有良好的人际关系，取决于许多重要的因素，例如：在人际交往中表现得比较主动，待人热情，为人老实，办事能力强，占有较高的社会地位，兴趣爱好广泛，乐于帮助别人，对他人的内心世界有很好的洞察力，不在小事上斤斤计较，健谈，幽默，为了朋友能够牺牲个人利益，言谈举止有风度，情绪稳定性好，独立，有主见。

我认为，上面所列出的这些因素中，最重要的一个因素是：________________；最不重要的一个因素是：________________________________。

将在座同学以 6 人分为一个小组，就这个问题展开讨论，时间 10 分钟左右。讨论后每组选派一个代表按以下提纲依次进行汇报：（1）小组一致性意见；（2）最重要的因素；（3）选择理由。我将讨论意见记录在下表中：

讨论意见记录表

小组汇报同学姓名	最重要的因素	选择理由	因素重复数量统计

了解常见的面试问题及回答要点

关于就业面试，我比较关注面试时会碰到哪些常见的问题，以及做好成功回答的准备。

将全体同学分成 6 人一组，立足所学专业，讨论形成下列面试问题的小组答案要点。

面试提问 1：直接型提问——请先做一下自我介绍（回答要与简历一致）

我最赞同的小组讨论答案：________________________________

____

____。

我认为面试时可能碰到的一个此类问题为：________________

____。

面试提问 2：封闭型提问——你愿意做技术工作还是市场开发工作？（选择型回答为宜）

我最赞同的小组讨论答案：______________________

____

____。

我认为面试时针对我的专业可能碰到的一个此类问题为：__________

____。

面试提问 3：开放型提问——你认为自己的优缺点是什么？（用事实回答为宜）

我最赞同的小组讨论答案：______________________

____

____。

我认为面试时可能碰到的一个此类问题为：________________

____。

面试提问 4：假设型提问——如果让你来当我们公司的总经理，你首先会做哪几件事？（沉思后回答为宜）

我最赞同的小组讨论答案：______________________

____

____。

我认为面试时可能碰到的一个此类问题为：________________

____。

面试提问 5：倾向性提问——我们企业有一项改革措施，你认为怎么样？（肯定性回答为宜）

我最赞同的小组讨论答案：____

____

____。

我认为面试时可能碰到的一个此类问题为：____________________________

____。

面试提问 6：否定型提问——我们要求的都是大学本科以上学历，你只是专科，恐怕不合适吧？（凭优势回答）

我最赞同的小组讨论答案：____

____

____。

我认为面试时可能碰到的一个此类问题为：____________________________

____。

面试提问 7：连珠型提问——你喜欢读书吗？业余时间读什么书？经济类的书读得多吗？哪一种管理理论你较为欣赏？（挑选能答的回答）

我最赞同的小组讨论答案：____

____

____。

我认为面试时可能碰到的一个此类问题为：____________________________

____。

面试提问 8：自由型提问——你为什么选择我们公司？（岗位针对性回答）

我最赞同的小组讨论答案：____

____

____。

我认为面试时可能碰到的一个此类问题为：______________________

____。

面试提问 9：观念型提问——你认为金钱、名誉和事业哪个更重要？（道德取向回答）

我最赞同的小组讨论答案：________________________________

____

____。

我认为面试时可能碰到的一个此类问题为：______________________

____。

面试提问 10：困难型提问——谈谈你有什么弱点？谈一谈你的一次失败经历。（回答需对应聘有利）

我最赞同的小组讨论答案：________________________________

____

____。

我认为面试时可能碰到的一个此类问题为：______________________

____。

求职面试的形象包装与礼仪

面试的形象包装

老师让我们在上这堂课的内容之前，以准备参加面试的职业穿着打扮好，展现在课堂上。

课堂上，首先，老师请出 6～10 位同学，全班同学都以主考官身份，评定哪个同学的着装最适合去参加面试。

我认为最好的职业形象设计是__________同学，原因是：________________

____。

我认为形象设计最不足的同学是__________同学，我希望他这样改变：________
____。

然后，老师将 6 人分成一个小组，在小组内分别以主考官身份，对每一位同学的职业形象做出评价。

（一）衣着是否得体（可具体到上衣、下装、鞋子等）

优秀□　　良好□　　及格□　　不及格□

评语：____。

（二）头发、面容是否整洁

优秀□　　良好□　　及格□　　不及格□

评语：＿＿＿＿＿＿＿＿＿＿＿＿＿＿＿＿＿＿＿＿＿＿＿＿＿＿＿＿。

(三) 化妆色彩和效果是否适宜

优秀□　　良好□　　及格□　　不及格□

评语：＿＿＿＿＿＿＿＿＿＿＿＿＿＿＿＿＿＿＿＿＿＿＿＿＿＿＿＿。

(四) 附带修饰是否适当 (如提包、配饰等)

优秀□　　良好□　　及格□　　不及格□

评语：＿＿＿＿＿＿＿＿＿＿＿＿＿＿＿＿＿＿＿＿＿＿＿＿＿＿＿＿。

(五) 其他方面

评语：＿＿＿＿＿＿＿＿＿＿＿＿＿＿＿＿＿＿＿＿＿＿＿＿＿＿＿＿。

职业形象面试结果：优秀□　　良好□　　及格□　　不及格□

面试的礼仪

在老师的指导下，全体同学分成 10 人一组，进行模拟面试，依次按其中 1 人为求职者、其他 9 人为面试官进行提问。按老师的要求记录下每位模拟求职者在目光、表情、站姿、坐姿、行走、握手、手势、进出房间、致意、介绍和自我介绍、递物和接物、手机等方面的面试礼仪，我对面试礼仪总结如下：

（一）目光＿＿＿＿＿＿＿＿＿＿＿＿＿＿＿＿＿＿＿＿＿＿＿＿＿＿＿＿；

（二）表情＿＿＿＿＿＿＿＿＿＿＿＿＿＿＿＿＿＿＿＿＿＿＿＿＿＿＿＿；

（三）站姿＿＿＿＿＿＿＿＿＿＿＿＿＿＿＿＿＿＿＿＿＿＿＿＿＿＿＿＿；

（四）坐姿＿＿＿＿＿＿＿＿＿＿＿＿＿＿＿＿＿＿＿＿＿＿＿＿＿＿＿＿；

（五）行走＿＿＿＿＿＿＿＿＿＿＿＿＿＿＿＿＿＿＿＿＿＿＿＿＿＿＿＿；

（六）握手＿＿＿＿＿＿＿＿＿＿＿＿＿＿＿＿＿＿＿＿＿＿＿＿＿＿＿＿；

（七）手势＿＿＿＿＿＿＿＿＿＿＿＿＿＿＿＿＿＿＿＿＿＿＿＿＿＿＿＿；

（八）进出房间＿＿＿＿＿＿＿＿＿＿＿＿＿＿＿＿＿＿＿＿＿＿＿＿＿＿；

（九）致意＿＿＿＿＿＿＿＿＿＿＿＿＿＿＿＿＿＿＿＿＿＿＿＿＿＿＿＿；

（十）介绍和自我介绍＿＿＿＿＿＿＿＿＿＿＿＿＿＿＿＿＿＿＿＿＿＿；

（十一）递物和接物________________________________；

（十二）手机________________________________。

模拟面试

按 6～10 人一组，进行模拟面试，依次扮演求职者。面试情境如下：

假如我是一名园林工程技术专业应届毕业生，接到一家中型企业的面试邀请，我应聘的是园林设计岗位。

面试当天，我应这样着装：________________________________

____

____

________________________________。

面试开始后，我进入技术主管的办公室，向他问好，主管点头示意，并让我坐下，然后提出以下问题。

（1）给你两分钟时间介绍自己。

我的回答是：________________________________

____

________________________________。

（2）你为什么应聘我们公司的这个职位？

我的回答是：________________________________

____

________________________________。

(3) 你是应届毕业生，凭借什么能力可以胜任这个职位?

我的回答是：____

____

____。

(4) 你认为自己有什么特点?

我的回答是：____

____

____。

(5) 给我一张图，考察我运用 Auto CAD、Pro/E 软件绘图的能力。

(6) 给我一张图，让我说说设计理念，并解读图纸。

自我评估

通过活动实践，我做到了以下几项（在以下评估等级中打“√”）

序号	自我评估标准	自我评估等级				
		优秀	良好	中等	较差	很差
1	按时参与活动					
2	活动前积极地开展活动做好准备工作					
3	针对面试官可能提出的问题有所准备					
4	了解面试形象提升的重点和方法					
5	想法或观点能够引起小组成员的共鸣					
6	活动中能积极地分享					
7	能找到不足，并有切实可行的改进措施					
8	活动结束后，有总结、有进步					
9	参加活动后发现自己的不足，希望以后做得更好，并在以后的日子里加以改正	强烈	较强	一般	很小	不想
10	参加活动后有不同的心得体会，收获情况也不同	很大	较大	一般	较少	没有

职业指导教师评价

评选活动之星了！	
是否为小组活动之星 是（　　）　否（　　）	理由： 职业指导教师签名
是否为班级活动之星 是（　　）　否（　　）	理由： 职业指导教师签名

评定成绩了！

成绩评定	评定标准	备注
优秀（　　）	1. 模拟面试仪容仪表展现职业形象，体现职业气质； 2. 对面试问题的关键点理解准确，应变能力强； 3. 语言表达准确流畅，层次清楚，思路清晰； 4. 是小组活动之星； 5. 是班级活动之星。	
良好（　　）	1. 模拟面试举止仪表得体； 2. 语言表达清晰，有一定的应变和自我控制能力； 3. 回答问题有内容，有一定的综合分析能力。	
中等（　　）	1. 仪表端正； 2. 完成全过程活动； 3. 有一定的沟通能力和分析能力。	
及格（　　）	1. 基本完成全过程活动； 2. 会主动学习面试技巧和着装礼仪知识。	
不及格（　　）	1. 未认真完成全过程活动； 2. 不善言谈，思维混乱，不注重服装和仪表。	

职业指导教师评语

职业指导教师签名：

老师寄语

1. 应聘工作要诚“心”，面试工作有信“心”，干起工作需专“心”，精于工作应虚“心”。

2. 面试细节为关键，穿着得体为首选，微笑应答赢好感，沉着冷静心坦然，谦虚低调做铺垫，能力适时来展现，做好事业各方面，美好前途在前面。

3. 在求职中锻炼自身的素质和修养，相信你的未来非你莫属！

4. 以诚感人者，人亦诚而应。

主题活动十五　熟知就业政策

活动目标

条条大路通罗马。但为了少走弯路，我们必须清楚每一条路的情况后再作选择。国家大力鼓励扶持各种类型的就业和创业，通过熟知大学生就业政策和创业政策，可以实现以下目标：

◆ 知己知彼，百战不殆
◆ 增强对社会环境的理解
◆ 建立积极向上的自信
◆ 提升负责任的心态
◆ 激发积极主动迎接挑战的正面态度
◆ 理性判断适合走哪条路
◆ 培养坚强的意志品质，提高创新思维和解决问题的能力

行动

小组抢答训练

小组抢答训练将采用自学就业政策和创业政策后进行分组抢答问题的方式进行。

小组抢答训练的方式：

1. 由部分班委组成出题小组，准备抢答的题目。

2. 由 3～5 人组成计分和监督小组。

3. 其他同学 4～6 人组成一队，每个小组基础分 100 分，答对加 10 分，答错扣 10 分，最后总分最高的小组胜出，获班级活动之星，小组中表现最好的同学获小组活动之星。

4. 时间：____

5. 地点：____

6. 热身准备：

（1）每位同学提前自学就业和创业方面的政策，同时出题小组的同学还要准备抢答的题目。

（2）各组展示：通过分组形式，迅速建立沟通环境，团队初步形成，4～6人组成一队，以独特的方式进行自我介绍，加速了解。

（3）制定队名、队歌、队训、队徽，选出队长。

云南省就业和创业政策简介

一、高职专升本相关政策

（一）报考条件

符合下列条件的普通高等学校应届专科毕业生，可以报考：

1. 遵守中华人民共和国宪法和法律。

2. 专科学习期间未受任何违纪处分。

3. 录取的考生（体育类、艺术类应届专科毕业生不作要求）入学前必须：

（1）通过云南省高等学校英语应用能力考试A级考试（每年6月、12月组织考试）；

（2）通过云南省高校非计算机专业计算机应用知识和应用能力B类一级考试（每年6月、12月组织考试）；

（3）获得云南省高校东南亚、南亚语（泰语、缅语、越南语等）应用能力考试A级优秀证书的高职高专学生在报考专升本时可以免试公共英语（英语类除外），涉及的考生由就读院校验原件、造册并附A级优秀证书复印件于3月底前上报省招生考试院；获得B级良好以上或A级合格以上证书的高职高专学生在报考专升本时可以抵用英语应用能力A级证书。

4. 体育成绩合格。

5. 身体健康。

6. 专科阶段必须获得专科毕业证书。

（二）报名时间、地点及办法

报名时间：每年2月份左右，逾期不再办理报名手续。

报名地点：昆明市的报名点设在五华区招生考试办公室，其他州市报名点设在当地州市招生考试办公室。

报名办法：

1. 符合报名条件的应届专科毕业生由本人提出申请，经所在学校审定，由考生所在学校招生办公室组织集体报名。

2. “专升本”考生只能报考与本人专科所学相同或相近的专业。

报名时，考生必须认真填写规定表格，交近期免冠正面小一寸照片5张，报名费按成人专升本收费标准缴纳（以当年收费标准为准）。

二、云南省大学生基层就业项目

目前云南省实施的基层就业项目主要有“大学生志愿服务西部计划”云南省地方项目、“农村义务教育阶段学校教师特设岗位计划”“支教、支农、支医和扶贫工作”及“选聘高校毕业生到村任职工作”。

（一）“大学生志愿服务西部计划”

“大学生志愿服务西部计划”按照公开招募、自愿报名、组织选拔的方式，每年招募1 000名高校毕业生到乡镇农村中小学、医疗卫生机构和农技推广服务机构开展支教、支农、支医和扶贫等工作。参加“大学生志愿服务西部计划”的志愿者除享受国家规定的高校毕业生就业优惠政策外，给予以下政策支持：

1. 志愿者服务期间每人每月发给生活补助费600元，每人每年发给交通补贴200元，人身意外伤害、住院医疗保险200元。每人每月所需生活补助费200元和每年交通补贴200元，人身意外伤害、住院医疗保险200元由省财政解决，其余部分由实施项目的州（市）解决。

2. 服务期间，计算工龄，党团关系转至服务单位，户口转回原籍或生源地人才服务中心。

3. 服务期间，可兼职或专职担任所在乡镇或城镇社区团委副书记、学校及其他服务单位的管理职务。

4. 服务期满，对志愿者作出鉴定，存入本人档案；考核合格的，颁发证书，作为志愿者服务经历和就业、创业的证明。

5. 志愿者服务期满1年考核合格的，授予云南青年志愿服务铜奖奖章；志愿者服务期满2年考核合格的，授予云南青年志愿服务银奖奖章，其中，表现优秀的授予云南青年志愿服务金奖奖章。

6. 获云南青年志愿服务金奖、银奖、铜奖奖章的志愿者，3年内报考省内硕士研究生，笔试总分分别加10分、8分、5分；各高校出台的政策如优惠于此政策则参照各高校政策；同等条件下，优先录取。

7. 服务期满考核合格，并获云南青年志愿服务金奖、银奖、铜奖奖章的志愿者，2年内可以应届高校毕业生身份报考省内公务员，笔试成绩总分分别加4分、3分、2分。

8. 在国家和省级扶贫开发工作重点及边境县事业单位服务期满且自愿留下工作的志愿者，本人提出书面申请，经用人单位和主管部门同意，报经当地组织、人事部门审批，特别优秀的可以免笔试直接进行面试。在其他县（市、区）服务且愿意留在服务单位工作的志愿者，本人提出书面申请，同等条件下优先聘用。服务期满后进入市场自主择业的志愿者，有关部门推荐其在本系统内就业。

9. 服务期满且考核合格的，在事业单位聘用工作人员时，可采取适当加分的办法对其予以照顾；国有企业聘用工作人员时，在同等条件下要优先聘用。一旦录取（聘用）为公务员（国有企事业单位工作人员），其服务年限可以合并计算工龄。

10. 服务单位应向志愿者提供住宿等必要的生活条件；服务期间，志愿者在面临升学、就业机会以及自主创业时，由本人提出书面申请，经县项目办和州（市）项目办审批同意后，可以终止志愿服务，并报省项目办备案。

11. 2005 年参加“大学生志愿服务西部计划”云南省地方项目的 2 年期志愿者，服务期满且考核合格的，参照以上政策执行。

12. 参加“大学生志愿服务西部计划”云南省地方项目的志愿者可享受大学生“三支一扶”计划的相关优惠政策。

（二）“特岗计划”

“特岗计划”是“农村义务教育阶段学校教师特设岗位计划”的简称，公开招聘高校毕业生到农村学校任教，创新农村学校教师的补充机制，逐步解决农村学校师资总量不足和结构不合理等问题，提高农村教师队伍的整体素质的基层就业项目之一，“特岗计划”教师聘期为 3 年。

“特岗计划”选聘对象的条件和要求：

政治合格、品学兼优、身体健康、综合素质好，并符合以下条件：

1. 以高等师范院校和其他全日制普通高校本科毕业生为主，可招少量师范类专业专科毕业生；其中非师范教育类专业本科毕业生要符合教师资格认定条件。

2. 取得教师资格，具有一定教育教学实践经验，年龄在 30 岁以下的全日制普通高校往届本科毕业生。

3. 参加过“大学生志愿服务西部计划”、有从教经历的志愿者和参加过半年以上实习支教的师范院校毕业生同等条件下优先。

4. 报名者应同时符合教师资格条件要求和招聘岗位要求。

（三）“三支一扶”

“三支一扶”是“支教、支农、支医和扶贫工作”的简称，是从 2006 年起，连续 5 年，招募高校毕业生到我省农村基层支教、支农、支医和扶贫工作的基层就业项目之一，招募生在农村基层志愿服务期为 2 年。

“三支一扶”大学生享受的优惠政策：

1. “三支一扶”大学生，服务期满经考核合格后，原服务单位有职位空缺需补充人员时，愿意留在原服务单位就业的，优先考虑接收；愿意到我省国家重点扶持县和省定重点扶持县及边境县所辖乡镇就业的，可采取先进后出的办法办理；根据本人意愿回原籍或到其他地区工作，凡落实了接收单位的，接收单位所在地区应准予落户；进入市场自主择业的，人事部门应协助推荐就业。

2. “三支一扶”大学生，服务期满经考核合格后，自主创业的，除国家限制的行业外，自工商行政管理部门登记注册之日起 3 年内免交登记类、管理类和证照类的各项行政事业性收费；可享受小额贷款担保和贴息等有关政策。愿意到我省国家重点扶持县和省定重点扶持县及边境县工作，服务达到规定期限，并符合相应条件的，可享受国家助学贷款代偿政策。

3. “三支一扶”大学生，服务期满经考核合格后，报考事业单位的，同等条件下优先聘用；报考省内高校研究生的，笔试成绩加 10 分，并在同等条件下优先录取；对已被录取为研究生的应届高校毕业生参加“三支一扶”的，学校应为其保留学籍两年。

4. “三支一扶”大学生，服务期满经考核合格后，其服务期限，计算为工龄；服务期间符合评定专业技术职务资格的，可评定专业技术职务资格；在今后晋升中高级职称时（卫生系列指初晋中），其在基层的服务年限可计入专业技术工作年限，同等条件下优先评定。

三、毕业生求职补贴

（一）申请条件

1. 云南省享受城乡居民最低生活保障家庭的毕业生；

2. 生源地为 3 个藏区县（即：香格里拉县、德钦县、维西傈僳族自治县）的毕业生；

3. 民族属于以下 8 个少数民族，即：独龙族、德昂族、基诺族、怒族、阿昌族、普米族、布朗族和景颇族等民族的毕业生；

4. 持有《中华人民共和国残疾人证》的毕业生；

5. 享受国家助学贷款的毕业生；

6. 符合多个条件的，只能按其中一种进行申报。

（二）奖励方式

凡自愿申请的，给予 1 000 元的一次性求职补贴创业补贴。

（三）报送材料填写要求

1. 有本人签名的求职创业补贴申请表；

2. 县区民政部门或乡镇、街道办事处出具的高校毕业生所在家庭享受城乡居民最低生活保障的证明；

3. 本人《中华人民共和国残疾人证》复印件；

4. 已获得国家助学贷款借款的凭证（包括生源地信用、校园地助学贷款借款）；

5. 本人身份证复印件、个人银行卡复印件等。

四、云南省鼓励创业“贷免扶补”政策问答

贯彻落实《云南省人民政府关于鼓励创业促进就业的若干意见》（云政发〔2009〕1 号），在借鉴成功经验的基础上，云南省政府办公厅出台了鼓励创业“贷免扶补”政策，对拓宽云南省就业渠道、缓解就业压力、促进经济社会发展具有重要意义。

云南省鼓励创业“贷免扶补”是指从 2009 年起，云南省各级人民政府和有关单位为首次创业人员在云南省自主创业提供贷款支持、税费减免、创业服务、资金补助等方面的扶持措施。国家和云南省现行的有关小额担保贷款政策继续按照有关办法执行。

1. 鼓励创业“贷免扶补”政策中“贷”是指什么？

答：是对在云南省创办企业或从事个体经营的高校毕业生（含大学生“村官”、在校高年级大学生）、农民工、复转军人、留学回国人员等已进行工商注册的首次创业人员，每人提供不超过 10 万元的创业小额贷款。

2. 鼓励创业“贷免扶补”政策中“免”是指什么？

答：是对创业人员按照有关规定免相关行政事业性收费，减免相关税收，申请创业小额贷款免担保、免利息，具体是：

(1) 对首次创业人员，3 年内免收管理类、登记类和证照类等有关行政事业性收费。

(2) 减免相关税收。从 2009 年 1 月起，从事个体经营的工商业户，营业税起征点从 1 200 元/月提高到 3 000 元/月；大学毕业生、农民工创业从事个体经营，月营业额在 5 000 元（不含 5 000 元）以内的，2 年内免征营业税、城市维护建设税、地方教育附加和个人所得税。

(3) 创业者申请创业小额贷款实行免担保。

(4) 对创业小额贷款免收利息。

3. 鼓励创业“贷免扶补”政策中“扶”是指什么？

答：(1) 咨询培训帮扶。为创业人员提供创业扶持政策、法律等方面的咨询，提供有针对性的创业培训服务。

(2) 创业项目评审。对创业人员的创业项目由具体承办单位进行评审；对需要申请创业小额贷款的项目，向农村信用社推荐，由农村信用社进行贷款审核。

(3) 创业导师帮扶。对实现创业的人员，具体承办单位为其介绍创业导师，通过自愿交流、双向选择的方式，创业导师提供“一对一”的创业指导，对创业人员提供成本核算、创业定位、企业发展等方面的咨询服务。

(4) 跟踪服务帮扶。具体承办单位对创业人员给予跟踪指导，积极协助解决创业过程中遇到的困难和问题。

4. 鼓励创业“贷免扶补”政策中“补”是指什么？

答：对首次创业人员创业并稳定 1 年以上的，招用具有云南省户籍一定数量的劳动者就业并签订劳动合同的，给予 1 000 元至 3 000 元创业补贴。

5. 创业人员如何申请享受鼓励创业“贷免扶补”政策？

答：2009 年 1 月 1 日后在云南省创办企业或从事个体经营并经过工商登记注册的创业人员即可申请享受鼓励创业“贷免扶补”政策。创业人员凭身份证和创业计划书，向县级（含）以上的具体承办单位提出书面申请。申请创业的人员可根据自身情况选择具体承办单位。

6. 申请创业小额贷款有哪些程序？

答：(1) 创业人员向具体承办单位提出创业小额贷款申请。

(2) 经具体承办单位推荐初审后，由创业人员向经办农村信用社提出贷款申请，填写《云南省创业小额贷款申请审批表》，并按要求提交相关贷款资料。

(3) 具体承办单位会同农村信用社组织对创业人员的诚信度和创业项目的真实性进行考察，对创业计划，创业项目的市场风险、技术风险、管理风险、财务风险等方面进行评估，提出项目实施和贷款审核意见，经县级就业经办机构和财政部门进行担保和贴息审查。

（4）农村信用社与创业人员签订借款合同后在3个工作日内发放贷款。

7. 创业小额贷款的期限及还款方式是什么？

答：创业小额贷款的期限为2年。2010年10月1日以后发放创业小额贷款的，还款方式调整为：自贷款发放后第7个月起按照3个月一期的还款周期等额还款（具体还款日为每个还款周期最后月份的20日），贷款期内还清全部贷款。

五、高校应届毕业生应征入伍服义务兵役

高校应届毕业生是指中央部门和地方所属全日制公办普通高等学校、民办普通高等学校和独立学校的全日制普通本专科（含高职）、研究生、第二学士学位应届毕业生。不包括往届毕业生及成人高等教育、高等教育自学考试类学生、各类非学历教育的学生。

征集的高校应届毕业生以男性为主，女性应届毕业生征集根据军队需要确定。

（一）公民应征入伍需要满足哪些政治条件？身体条件？年龄条件有何要求？

征兵政治审查的内容包括：应征公民的年龄、户籍、职业、政治面貌、宗教信仰、文化程度、现实表现以及家庭主要成员和主要社会关系成员的政治情况等。征集服现役的公民必须热爱中国共产党，热爱社会主义祖国，热爱人民军队，遵纪守法，品德优良，决心为抵抗侵略、保卫祖国、保卫人民的和平劳动而英勇奋斗等。

应征入伍的公民要身心健康、体魄强健。其中，有几项基本条件：

身高：男性162cm以上，女性160cm以上

体重：男性：不超过标准体重的＋20％、－10％

女性：不超过标准体重的±15％

标准体重＝（身高－110）kg

个别体格条件较为优秀的应征男青年，体重可放宽至不超过标准体重的25％，不低于标准体重的15％。

视力：陆勤岗位视力标准，大学专科以上文化程度的青年入伍，右眼裸眼视力放宽至4.6，左眼裸眼视力放宽至4.5。

内科：乙型肝炎表面抗原呈阴性，等等。

对应征入伍服义务兵役的高职（专科）毕业生年龄要求当年为18～23周岁，本科以上学历的可以放宽到当年24周岁。

（二）公民应征入伍报名系统

有报名应征意向的毕业生可登录“大学生网上预征报名系统”填写、打印《登记表》和《申请表》，按要求参加兵役机关组织的各环节活动。

“大学生网上预征报名系统”网址是：http：//zbbm.chsi.com.cn或http：//zbbm.chsi.cn。

六、云南省公务员考试

（一）招录条件

1. 具有中华人民共和国国籍；

2. 年龄必须为18周岁以上；

3. 拥护中华人民共和国宪法；

4. 具有良好的品行；

5. 具有正常履行职责的身体条件；

6. 具有符合职位要求的文化程度和工作能力；

7. 具备拟报考职位所需的其他条件。

(二) 报名时间和方式

报名采用网络报名方式进行，报名网站为云南考试网（www. ynrsksw. cn、www. ynrsksw. net 或 www. ynrsksw. com），报考时间注意查看中共云南省委组织部网站（www. ccp. org. cn）、云南省人力资源和社会保障厅网站（www. ynrs. gov. cn）、云南考试网（www. ynrsksw. cn；www. ynrsksw. net；www. ynrsksw. com；www. ynrsks. cn）等网站的招考简章。

(三) 考试科目

报考法检系统岗位的笔试科目为《行政职业能力测验》及《法律专业知识》两科；报考其余部门岗位的笔试科目为《行政职业能力测验》和《申论》两科。其中《行政职业能力测验》测试时限 120 分钟，满分 200 分；《申论》测试时限 150 分钟，满分 100 分；《法律专业知识》测试时限 150 分钟，满分 100 分。

考试不指定考试辅导用书，不举办也不委托任何机构开展考试辅导培训。考试范围以考试大纲为准。

自我评估

在拓展训练活动中，我做到了以下几项（在以下评估等级中打上“√”）

序号	自我评估标准	自我评估等级				
		优秀	良好	中等	较差	很差
1	对专升本条件的熟悉程度					
2	对基层就业项目的熟悉程度					
3	对求职补贴条件的熟悉程度					
4	对创业政策的熟悉程度					
5	对应征入伍条件的熟悉程度					
6	对公务员考试方式和内容的了解程度					
7	我在活动中主动交流的表现					
8	参加活动后有不同的心得体会，收获情况也不同	很大	较大	一般	较少	没有

收获感言：

职业指导教师评价

<table>
<tr><td colspan="3">评选活动之星了!</td></tr>
<tr><td>是否为小组活动之星
是（　　）　否（　　）</td><td colspan="2">理由：

职业指导教师签名</td></tr>
<tr><td>是否为班级活动之星
是（　　）　否（　　）</td><td colspan="2">理由：

职业指导教师签名</td></tr>
<tr><td colspan="3">评定成绩了!</td></tr>
<tr><td>成绩评定</td><td>评定标准</td><td>备注</td></tr>
<tr><td>优秀（　　）</td><td>1. 按照抢答训练的要求，参加并完成了所有项目；
2. 是小组活动之星；
3. 是班级活动之星；
4. 按照辅导员的要求完成了日常行为规范。</td><td>第二和第三之中有其一</td></tr>
<tr><td>良好（　　）</td><td>1. 按照抢答训练的要求，参加并完成了所有的项目；
2. 按照辅导员的要求完成了日常行为规范。</td><td></td></tr>
<tr><td>中等（　　）</td><td>1. 按照抢答训练的要求，参加并完成了95%的项目；
2. 按照辅导员的要求完成了日常行为规范。</td><td></td></tr>
<tr><td>及格（　　）</td><td>1. 按照抢答训练的要求，参加并完成了90%的项目；
2. 按照辅导员的要求完成了日常行为规范。</td><td></td></tr>
<tr><td>不及格（　　）</td><td>1. 按照抢答训练的要求，参加并完成了90%以下的项目；
2. 按照辅导员的要求完成了日常行为规范。</td><td></td></tr>
<tr><td colspan="3">职业指导教师评语</td></tr>
<tr><td colspan="3">

职业指导教师签名：</td></tr>
</table>

老师寄语

1. 人生里只有一条路是不能去选择的——那就是放弃的路；只有一条路是不能拒绝的——那就是你成长的路。

2. 不要控制失败的风险，而应控制失败的成本。

3. 对所有创业者来说，永远告诉自己一句话：从创业的第一天起，你每天要面对的是困难和失败，而不是成功。我最困难的时候还没有到，但有一天一定会到。

4. 人类常犯的基本错误就是忽略前提。他不知道，一旦忽略了前提，在不同前提下所作的貌似正确的一切结论都是荒唐可笑的。

5. 生活是公平的，哪怕吃了很多苦，只要你坚持下去，一定会有收获，即使最后失败了，你也获得了别人不具备的经历。

6. 人不能把什么都设计好了才上路。

7. 创业要找最合适的人，不一定要找最成功的人！

8. 这个世界并不在乎你的自尊，只在乎你做出来的成绩，然后再去强调你的感受。

9. 等待的方法有两种：一种是什么事也不做空等，一种是一边等一边把事业向前推动。

10. 任何时候做任何事，订最好的计划，尽最大的努力，做最坏的准备。

11. 回头看我的创业历程，是不断寻找、不断纠正的过程。

12. 思路决定出路。

主题活动十六　谨慎、理智对待签约与报到

当一个小小的心念成为行动时，便成了习惯，从而形成性格，而性格就决定你一生的成败；行动是治愈懒惰的良药，而犹豫、拖延将不断滋生懒惰。

为维护国家就业计划的严肃性，国家政策规定普通高等学校毕业生就业要签订就业协议书，并对报到证的开具、档案、户口、人事关系、组织关系的转接有明确的规定，毕业生走入社会需要办理许多相关手续，而这些手续的办理依据就是就业协议书。因此学生要有法律意识，遵守国家的该项规定，签订就业协议书，依法维护自己的大学生权利。

活动目标

以签约与报到为主题的主题活动意在使同学们认识到签约与报到的重要性和具体签约与报到的程序和注意事项。让每位同学能够在签约过程中认识到签约的重要性和严肃性，做到认真签订协议，严格履行协议，维护自我权益，谨慎对待违约，能够区别协议与合同。同时也让每位同学在报到过程中自我约束，及时办理。掌握报到证和就业登记证之间的区别。培养学生不犹豫、不拖延的良好道德品质。

通过参加签约与报到活动，做到：

◆ 认真签订协议
◆ 谨慎签订合同，维护自我权益
◆ 及时办理就业登记证和报到证
◆ 就业登记证和报到证之间的调换
◆ 签约与报到过程中遗失问题的处理
◆ 遵守法律法规和社会公德，具备良好的道德品质

行动

签约与报到活动

活动一：分享签约过程中得与失、感与悟

导入故事：

吴某是位条件相当优秀的毕业生，大学期间多次被评为“三好学生”“优秀学生干部”，还经常参加各种社会实践活动，很受老师喜欢。在老师的推荐下他到一家中等企业就业，单位的经济效益也比较好。找到工作后，他有时间就来办公室帮老师处理一些毕业生事情，因此有机会了解到更多更新的就业信息，其中有不少工作机会诱惑性很大，这时他开始动摇了，产生了与签约单位违约的念头。把心思告诉老师后，老师劝他别这山看着那山高，并给他分析那家签约单位的优势及发展前景。

可是随着他不断获知其他信息，他又按捺不住了，最终与先前的那家公司解约，而攀上了大公司的枝头，尽管公司所给他的待遇与原来的差不多，“但是毕竟是大公司嘛，瘦死的骆驼比马大，一旦将来有什么变化，大公司也有它的生存优势”，他以这样的理由，给自己的毁约找到合理的借口。

在他投入到工作前的准备时，新的诱惑又出现了，一家外企以绝对的优势和诱人的薪资待遇来校园公开招聘，而他的专业也在需求之列。以他的成绩和所拥有的荣誉，进入竞争行列应该有很大优势。这样的诱惑让他决定再作一搏。于是他以种种理由拿到第二份解约函，并为此付出几千元的违约金。最后，他击败其他同学进入外企，在牺牲了几家单位利益和学校声誉，并且致使其他同学失去就业机会之后开始了他的高薪生活。但不久他就辞职了，理由很简单：工作强度太大，自己无法适应其管理模式，没有自己的时间，生活有点累……

1. 活动安排：以班级为单位，辅导员按班级人数进行分组，每组不超过8人，同学们一起讨论故事给予我们的启示。

2. 时间：______________________________

3. 地点：______________________________

4. 讨论：______________________________

____

____

____

5. 本人结论：

活动二：协议与合同

导入故事：

沈阳某大学学生小张在大三时到一家广告公司实习。由于实习表现突出，小张与该公司达成就业意向，并签订了就业协议。双方约定，服务期为3年，如果小张提前解约必须赔偿公司1万元。至于协议中的待遇、福利等条款暂为空白，人事部门让他先签名，具体条款过几天再补上。小张觉得，自己是经熟人介绍来的，不好意思提待遇的事儿。“找个工作不容易，不敢要求太多。反正别人有啥咱有啥呗。”小张便在协议上签上了自己的名字。正式上班后，公司与他签订了劳动合同，合同的有效期仅1年，而且也没有提前解除合同的赔偿条款。由于待遇与其他员工相差较大，小张在工作第二年便向公司提出辞职。公司提出，必须按就业协议的规定赔偿1万元。小张不服，准备通过法律手段维权……从这个故事中你了解到了什么？如果小张维权，他的胜算大嘛？

1. 活动安排：以班级为单位，辅导员按班级人数进行分组，每组不超过8人，同学们一起讨论故事给予我们的启示。

2. 时间：

3. 地点：

4. 讨论：

5. 本人结论：

活动三：报到中常犯的错误

问题导入：

我是应届毕业生，我领到了学校发的《普通大中专学校毕业生就业登记证》。登记证上面写的是要在 7 月 31 号以前办理。我一直没办理，因为我刚刚毕业就找到工作，工作单位的地址是我的户口所在地，但是现在要拿登记证换成报到证去公司报到，我现在该怎么办理？是到省大中专毕业生就业服务中心办理报到证呢？还是在户口所在地办理？需要什么手续？登记证过期了要不要去补办呢？当时个人档案托管在昆明，想把个人档案调回大理该怎么办？

1. 活动安排：以班级为单位，辅导员按班级人数进行分组，每组不超过 8 人，每组的同学们一起积极讨论。辅导员总结后给出具体解决问题的答案。

2. 时间：

3. 地点：

4. 讨论：

5. 结合老师讲解总结如下：

自我评估

通过活动实践，我做到了以下几项（在以下评估等级中打上“√”）

序号	自我评估标准	自我评估等级				
		优秀	良好	中等	较差	很差
1	通过活动我能够清楚地知道什么是协议，什么是合同，二者之间的区别。					
2	能够清楚地知道签订协议前期的准备工作。					
3	能够知道在签订协议过程中应该注意的事项。					
4	能够清楚地知道什么是就业登记证，什么是报到证。					
5	能够清楚地知道就业登记证和报到证之间的调换程序和注意事项。					
6	能够清楚地知道就业登记证和报到证遗失之后如何处理。					
7	能够主动、积极参与到活动中。					
8	通过三个活动的参与，我体会到签订协议和合同的重要性和严肃性。					
9	参加活动后发现自己的不足，希望以后做得更好，并在以后的日子里加以改正。	强烈	较强	一般	很小	不想
10	参加活动后有不同的心得体会，收获情况也不同。	很大	较大	一般	较少	没有

职业指导教师评价

评选活动之星了！	
是否为小组活动之星 是（　　）　否（　　）	理由： 职业指导教师签名
是否为班级活动之星 是（　　）　否（　　）	理由： 职业指导教师签名

评定成绩了！

成绩评定	评定标准	备注
优秀（　　）	1. 按照三个活动的要求，参加并完成了所有项目； 2. 能够认真撰写相关文案； 3. 能够清楚知道协议与合同的概念，并区分协议与合同的差别； 4. 能够清楚知道协议与合同在签订过程中的注意事项及管理工作； 5. 能够清楚知道报到的程序，掌握就业登记证和报到证的调换事项； 6. 能够清楚知道在签约与报到过程中遗失问题的解决方案。	
良好（　　）	1. 按照三个活动的要求，参加并完成了所有的项目； 2. 能够认真撰写相关文案； 3. 能够知道协议与合同的概念，较好的区分协议与合同的差别； 4. 能够知道协议与合同在签订过程中的注意事项及管理工作； 5. 能够知道报到的程序，掌握就业登记证和报到证的调换事项； 6. 能够知道遗失问题的解决方案。	
中等（　　）	1. 按照三个活动的要求，参加并完成了 95%以上的项目； 2. 能够认真撰写相关文案； 3. 完成优秀等级中 4、5、6 三项中的两项。	
及格（　　）	1. 按照三个活动的要求，参加并完成了 90%以上的项目； 2. 能够认真撰写相关文案； 3. 完成优秀等级中 4、5、6 三项中的一项。	
不及格（　　）	1. 按照三个活动的要求，参加并完成了 90%以下的项目； 2. 没有撰写相关文案； 3. 没有完成优秀等级中 4、5、6 三项中的任何一项。	

职业指导教师评语
  职业指导教师签名：

老师寄语

1. 当竞争与敌视同你比邻而居时，谨慎就会茁壮成长。
——格拉西安

2. 用时不爱惜，就要损坏；做时不慎重，就要失败。
——蒙古族谚语

3. 加倍小心总是好的。——法国谚语

4. 慎在于畏小，智在于治大。——尉缭子

5. 在薄冰上滑行，速度就是安全。——爱默生

6. 内不欺己，外不欺人。——弘一大师

7. 一事不谨，即贻四海之忧；一念不慎，即贻百年之患。
——清·玄烨

8. 事前的谨慎，胜于事后的追究。——日本谚语

9. 机会永远战斗在谨慎者一边。——欧里庇得斯

10. 一次深思熟虑，胜过百次草率行动。——南斯拉夫